新型农民现代农业技术与技能培训丛书

羊防疫员培训教材

编著者

薛慧文　包世俊　李拥军

金盾出版社

内 容 提 要

本书是"新型农民现代农业技术与技能培训丛书"的一个分册。内容包括：羊防疫员的岗位职责与素质要求，消毒技术，免疫接种技术，一般诊疗技术，驱虫技术，疫情扑灭技术，羊常见疫病的诊断与防控技术等。本教材从强化培养操作技能、掌握一门实用技术的角度出发，较好地体现了羊防疫员岗位当前最新的实用知识和操作技能，理论深入浅出，语言通俗易懂，适用于县(市)、乡(镇)和农业企业羊防疫员的岗位培训，亦可供广大青年农民和农业院校相关专业师生阅读参考。

图书在版编目(CIP)数据

羊防疫员培训教材/薛慧文，包世俊，李拥军编著．—北京：金盾出版社，2008．6(2014．5重印)
(新型农民现代农业技术与技能培训丛书)
ISBN 978-7-5082-5103-5

Ⅰ．①羊… Ⅱ．①薛…②包…③李… Ⅲ．①羊病—防疫—技术培训—教材 Ⅳ．①S858．26

中国版本图书馆 CIP 数据核字(2008)第 070773 号

金盾出版社出版、总发行
北京太平路 5 号(地铁万寿路站往南)
邮政编码：100036 电话：68214039 83219215
传真：68276683 网址：www.jdcbs.cn
封面印刷：北京印刷一厂
正文印刷：北京军迪印刷有限责任公司
装订：兴浩装订厂
各地新华书店经销
开本：850×1168 1/32 印张：5．25 字数：121 千字
2014 年 5 月第 1 版第 5 次印刷
印数：21 001～24 000 册 定价：9．00 元

序　言

中共中央、国务院[2007]1号文件明确指出，加强“三农”工作，积极发展现代农业，扎实推进社会主义新农村建设，是全面落实科学发展观、构建社会主义和谐社会的必然要求，是加快社会主义现代化建设的重大任务。

我国农业人口众多，发展现代农业、建设社会主义新农村，是一项伟大而艰巨的综合工程，不仅需要深化农村综合改革、加快建立投入保障机制、加强农业基础建设、加大科技支撑力度、健全现代农业产业体系和农村市场体系，而且必须注重培养新型农民，造就建设现代农业的人才队伍。

胡锦涛总书记在党的十七大报告中进一步指出，要培育有文化、懂技术、会经营的新型农民，发挥亿万农民建设新农村的主体作用。

新型农民是一支数以亿计的现代农业劳动大军，这支队伍的建立和壮大，只靠学校培养是远远不够的，主要应通过对广大青壮年农民进行现代农业技术与技能的培训来实现。金盾出版社在对农业岗位培训进行广泛调研的基础上，与中国农业大学老科技工作者协会、华中农业大学老教授协会等单位共同策划，约请数百名农业专家、学者参加，组织编写了“新型农民现代农业技术与技能培训丛书”(以下简称“丛书”)。“丛书”坚持从现阶段我国青壮年农民的文化技术水平出发，突出现代农业技术与技能的传授，注重其先进性和实用性；“丛书”以教材形式编写，共有88个分册，涉及81个农业岗位，除水稻农艺工、蔬菜园艺工、蔬菜植保员、果树植保员分南方本和北方本外，其他均为一个岗位一本培训教材，以方便县(市)、乡(镇)、村组织新型农民培训和农业企业进行岗位培训时选用。“丛书”的组编和出版，还得到了河北农业大学、沈阳农业大学、西北农林科技大学、甘肃农业大学、北京农学院、山东畜牧兽医职业技术学院、大连民族学院、中国农业科学院茶叶研究所、中国农业科学院油料研究所、中国农业科学院郑州果树研究所、中国农业科学院特产研究所、中国农业科学院桑蚕研究所、中国养蜂学会、内蒙古自治区农牧科学院、甘肃省蔬菜研究所、山东省果树研究所、广西壮族自治区柑橘研究所、山西省畜牧兽医研究所等单位部分专家、教授的支持和参与，并列入劳动和社会保障部《全国职业培训与技能鉴定用书目录》，进行推荐，使我们深感欣慰，在此表示衷心感谢。我们希望和相信，通过“丛书”的出版发行，能为新型农民队伍的发展壮大贡献一份力量，也能为现代农业技术与技能培训积累一些可供借鉴的经验。

“丛书”编写时间有限，各分册存在不足或错漏在所难免，恳请同仁和各使用单位批评指正。

编 委 会

2008 年 1 月

前 言

我国养羊业的发展，给人们提供了大量的可食产品和工业产品。但随着养羊生产方式的转变，疫病已成为制约现代养羊业发展和影响养羊经济效益的最大障碍。而且有些疫病还可感染其他动物或人，给养殖业和人类健康带来严重威胁。因此，有效预防与控制羊的疫病具有重要意义。为了适应国家动物防疫的需求，加强羊场防疫员的培训，全面提高羊场防疫员的业务素质，满足广大动物防疫和羊场防疫人员科学合理地进行羊病防疫的要求，充分发挥基层防疫员在动物防疫中的作用，确保羊病防疫工作高效有序地开展，特组织编写了这本《羊防疫员培训教材》。

全书共分七章，系统介绍了羊防疫员的岗位职责与素质要求、消毒技术、免疫接种技术、一般诊疗技术、驱虫技术、疫情扑灭技术，以及羊常见疫病的诊断与防控技术。在此基础上，结合当前国内动物防疫和羊病预防的实际情况，重点介绍羊场防疫员亟须掌握的技术和羊病防疫基本理论、基本知识和基本技能，特别注重对羊防疫员需掌握的技术和操作技能的介绍。各章均附有思考题，便于学员把握重点、难点和关键内容。此外需强调的是，羊防疫员必须在兽医指导下履行自己的职责，以协助兽医搞好羊病的预防与疫情监测工作，但不负责疾病诊断，只在兽医出具处方后，进行给药和其他护理工作，处方药必须在兽医指导下使用。

本书内容全面、科学实用、简明系统、通俗易懂，不仅对羊场防疫工作具有一定的指导作用，也可作为羊防疫员培训教材和资格考试的参考资料，还可供广大动物防疫员、养羊户以及相关人员参阅。

虽然本书力求新颖，但由于种种原因仍难尽人意。加之由于笔者水平有限，疏漏和不足之处在所难免，恳请读者批评指正。

编著者

2008 年 3 月

目　录

第一章　羊防疫员的岗位职责与素质要求

一、羊防疫员的岗位职责

羊防疫员是指在兽医师的指导下，从事羊疫病预防工作的人员。羊防疫员必须经过一定时间的见习、培训和实习，在取得防疫员资格证后，才可配合专业兽医人员从事羊病防疫工作。

羊场防疫员在从事羊病防疫过程中必须在动物疫病预防控制机构和动物卫生监督机构的指导下开展工作，并且必须按照国家或农业部门的有关动物防疫技术操作规范进行。

羊防疫员的岗位职责如下。

（一）建立防疫档案

为了建立、健全辖区（服务区、责任片区）内羊群防疫和养殖档案，羊防疫员应经常深入养羊场（户），了解和调查羊群饲养和防疫情况，并记录以下内容：羊场（户）名称、地址，羊的种类、品种、来源，羊的存栏、出栏、购入、出售等数量，免疫日期和疫苗名称、免疫人员，疫情监测与处理、消毒等情况，羊发病、死亡和无害化处理情况。应分户建立羊只流动台账，及时记录羊只变动情况，建立一羊一标、一户一证的管理制度；指导、监督、检查辖区内具有自行防疫能力的规模养羊场（户）做好防疫记录，建立并妥善保存养殖档案。

（二）承担免疫任务

在当地畜牧兽医部门的领导和监督下，按照县级动物疫病预防控制机构或乡镇兽医站下达的计划免疫任务，搞好辖区内或羊场内羊群的免疫接种、养殖标志佩戴工作，对补栏的羊只及时实施补免，并能协助动物防疫监督员出具免疫证明等工作。

按计划检查羊存栏数、免疫数量、免疫密度，定期随机采集血液样品送至动物疫病预防控制部门兽医诊断室检测免疫效果。

（三）做好卫生消毒和杀虫、灭鼠工作

负责养殖环境和器具的消毒，以及对疫病传播媒介动物、害虫、老鼠的杀灭。

（四）调查和报告疫情

配合动物防疫监督员对辖区内养羊场（户）进行定期巡查和羊群疫病普查，及时准确地向上级动物卫生监督部门报告疫情。

（五）参与动物疫病防控和疫情扑灭工作

协助政府管理部门积极参与辖区内重大动物疫病和羊病的预防、控制和扑灭工作。

（六）采集样品

按动物疫病预防控制机构的计划要求，完成免疫检测、疫情监测与检测、疫病诊断、流行病学调查所需样品的采集任务，并能妥善送至兽医诊断室。

（七）协助诊疗

协助专业兽医技术人员做好羊病诊断和治疗工作，按兽医人员的要求给羊投药。

（八）协助检疫

协助当地或上级动物卫生监督部门开展羊及其产品的产地检

疫和运输检疫工作，以及辖区内出栏、出售或调入羊只及羊产品的检疫工作。

二、羊防疫员的素质要求

（一）思想素质

1. 爱岗敬业，吃苦耐劳　羊防疫员必须拥护党的各项方针政策，遵纪守法，作风正派，热爱动物防疫事业。能够严格贯彻落实国家动物防疫政策，履行岗位职责，有高度的工作责任感和奉献精神，吃苦耐劳，团结协作，礼貌待人，应经常深入到养羊场（户）了解实际情况，及时解决工作中遇到的问题，准确、真实地向有关部门反映实际情况。同时，要增强服务意识，为养羊场（户）提供饲养管理、羊病预防等方面的服务，能按时为养羊场（户）的羊群进行免疫接种、查询病情，应严格按防疫工作的有关程序开展并完成工作。

2. 秉公办事，清正廉洁　羊防疫员必须坚持原则，公正无私，做到风纪严明、秉公办事、不徇私情，不以权谋私、索钱要物、弄虚作假、营私舞弊、袒护亲友。严格按照《动物防疫法》等法律、法规和羊病防疫操作技术规程的要求，从羊群免疫接种、养殖标志佩戴、免疫证件填发、防疫费收缴到协助检疫、上报疫情等工作，均须认真负责，绝不能马虎行事。

3. 刻苦学习，不断钻研　防疫员必须胜任羊病防疫工作，全面掌握动物防疫的有关政策和防疫知识，及时了解当地羊病的发生情况，上报动物防疫部门采取相应措施，并能及时准确地填报各种防疫登记表（卡）。在平时的工作中能不断学习动物防疫和兽医基本理论，更新专业知识，刻苦钻研业务，熟练掌握羊病预防和控制技术，努力提高自己的业务水平和专业技能以适应当代羊病防疫工作的需要。

(二)业务素质

1. 知识要求 掌握《动物防疫法》,并具备相关法律基本常识;了解羊场环境卫生要求,引种要求,饲料、饮水的卫生要求,病死羊和废弃物处理方法等与防疫密切相关的管理措施和卫生防疫要求。掌握消毒的概念,羊场消毒制度和消毒对象,熟悉常用消毒剂的名称和适用范围,消毒器械的名称、用途、使用规则和维护保养知识。掌握疫苗的概念和种类,疫苗的保存和运输要求,羊病防疫中常用疫苗,免疫接种的含义和分类,羊的免疫接种方法和免疫程序;熟悉药物预防的原则、方法和注意事项,常用预防药物种类;了解羊病诊断基本方法,掌握常用保定方法,血液和粪便等检验样品的采集方法,给药方法。掌握常用驱虫药物及其使用方法,当地已知羊寄生虫病传播的媒介昆虫、宿主动物种类和消杀知识,驱杀时间,人员和羊只防护要求。熟悉重大动物疫病的控制与扑灭措施,三类动物疫病的防治与净化措施。了解疫病流行过程的基础知识,掌握羊常见传染病、寄生虫病的预防、控制知识。

2. 技能要求 掌握常用消毒方法、消毒药物的选择及配制,常用消毒器材的使用方法,能对环境、羊舍、带羊环境、饲养工器具、运输工具等进行消毒,并能做好羊群和个人防护工作。掌握羊常用免疫接种的途径、部位、剂量和注意事项,能正确使用免疫接种器械,按要求对羊群进行免疫接种,了解羊病诊断的常用方法,能对羊进行保定,了解简单外科手术方法,协助兽医进行羊病诊疗,按兽医处方给药。掌握羊寄生虫的驱杀方法,体内驱虫药和体外杀虫剂的使用方法,能对羊群进行药浴。熟悉急性传染病的扑灭措施,慢性传染病的控制与净化技术,并能在发生疫情时配合专业兽医和其他管理人员做好隔离、治疗、消毒、上报疫情、污染物处理、扑杀病羊以及个人防护等工作。能协助专业兽医人员完成羊常见疫病的初步诊断、预防和控制工作;能协助动物检疫人员对羊群进行传染病和寄生虫病的普查或疫情调查工作，按要求填写疫情报表（卡）；按照免疫计划、检疫计划、疫病诊断与监控要求，配合动物检疫员和兽医采集血液、病变组织、粪便或其他检验样品，并能送至兽医诊断室进行检验。能建立羊的防疫档案，并整理归档、妥善保存，定期向主管部门和领导汇报。能向广大养羊场（户）宣传与羊病防疫有关的法律、法规和政策。

第二章 消毒技术

科学合理地消毒不但可以防止动物群体和个体的交叉感染，预防羊疫病的发生和传播，群体和个体的交叉感染，而且可防止人兽共患病对其他动物、兽医工作人员、养殖人员的感染。因此，羊防疫员首先要树立科学的卫生消毒观念，强化消毒意识，掌握正确适宜的消毒方法，在兽医指导下使用消毒剂。

一、消毒的概念和种类

(一)消毒的概念

消毒是指采用物理、化学和生物学方法杀灭病原微生物。灭菌是指杀灭物体(包括传播媒介)上所有病原性和非病原性微生物的方法。消毒多用于动物防疫方面，灭菌则主要用于兽医临床。因此，消毒是预防传染病发生的最重要和最有效的措施之一，是动物防疫和羊场饲养管理的重要工作内容。

(二)消毒的种类

通常依据消毒的目的和时间分为以下三类。

1. 预防性消毒 是指在未发现传染源的情况下，对养殖环境、物品、人和动物进行的消毒。环境、物品和羊的体表常染有大量微生物，要想有效遏制传染病的流行，必须坚持日常预防性消毒。因此，无论羊场发病与否均应采取消毒措施，特别是邻近养殖场有传染病发生或受到传染病威胁时，更要加强预防性消毒。根据日常管理的需要，应定期或经常对羊场环境、圈舍、用具、饮水、带羊环境进行消毒。

2. 紧急消毒 是指在传染病疫情发生后至解除封锁前的一段时间,对疫点、疫区内的养殖场、圈舍、动物的排泄物、分泌物及其污染的场所、用具、运载工具等及时进行的消毒措施。羊场发生传染病时,为了防止病原的扩大蔓延,必须采取紧急消毒措施。通常在封锁期间,需要进行定期的多次消毒,每天和随时对病羊隔离圈进行消毒。消毒的对象包括病羊所在的羊舍、隔离地以及被病羊分泌物、排泄物污染和可能被污染的一切场所、用具和物品。

3. 终末消毒 是指发病地区消灭了某种传染病,在疫区解除封锁之前,为了消灭疫区内可能残留的病原体所进行的全面彻底的大消毒。通常在病羊被解除隔离、痊愈或死亡,或全部病羊及疫区内所有疑似感染羊被扑杀再经生物安全处理之后进行终末消毒。消毒的对象包括羊场的所有场地、房屋、车间、仓库、工器具、工作衣帽等有可能被污染的物体以及痊愈羊的体表、羊舍和羊场其他环境。

二、消毒方法

(一)物理消毒法

物理消毒法是指用物理方法杀灭或消除病原体的方法。因其操作简便,不用药剂,是一种绿色环保的消毒方法。

1. 机械清除法 指用铲、刮、扫、刷、洗、擦等方法清除环境、圈舍和运动场的地面、墙壁或器具上的污物、粪便、垫草、饲料残渣,或刷洗羊体被毛等,以减少或清除病原体的消毒方法。此外,在兽医室、注射室、羊舍还可安装通风过滤装置,以净化空气,减少细菌数量。机械清除法并不能杀灭病原体,不能达到彻底消毒的目的。因此,若发生疫情,特别是重大动物疫病时,必须与其他消毒方法结合进行。清扫出来的污物和粪便,必须进行堆沤发酵、掩埋、焚烧或用其他药物处理。清扫后的圈舍,还要喷洒化学消毒药进行消毒,或预先用药液消毒后,再用机械法清除。

2. 日光暴晒法 指将物品置于日光下,利用阳光中的紫外线、阳光的灼热和干燥作用使病原体灭活的方法。日光对大多数微生物均有杀伤作用,直射杀菌效果尤佳。许多非芽孢菌和病毒,在阳光暴晒下能被杀死,有些抵抗力较强的病原体也会失去繁殖能力。因此,本法对于牧场、草地、畜栏、用具和物品等的消毒具有很大的意义,也可用于一些移动方便的设备、用具、垫草、拖车、衣帽等的消毒。但日光的杀菌效果受空气温度、湿度、太阳辐射强度以及微生物抵抗力等因素的影响较大,如低温、高湿和能见度低的天气消毒效果差,高温、干燥、能见度高的天气杀菌效果好,烟尘笼罩的空气、玻璃和有机物等均能减弱日光的杀菌力。

3. 热力消毒法 指利用高温使病原体的蛋白质凝固或变性,失去正常生物学功能而使其死亡的方法。具有效果好,无残留,应用普遍等优点;缺点是只能用于耐热物品的消毒,使用成本高,会导致被消毒物品或所在环境的温度升高。

(1)湿热法 在同样的温度条件下,湿热的杀菌效果比干热好。

①煮沸法:指将物品置于水中蒸煮,利用高温杀灭病原体的方法。一般细菌在100℃条件下煮沸5分钟左右即可被杀死,煮沸2小时以上可杀灭绝大多数病原体。消毒的对象主要是体积较小且耐煮的物品,如金属或玻璃器具等。

②流通蒸汽法:此法是利用蒸笼或流通蒸汽灭菌器进行消毒。一般在100℃条件下加热30分钟,可杀死细菌的繁殖体,但不能杀死芽孢和真菌孢子。此种消毒方法常用于易被高温破坏的物品如培养基的灭菌。

③高温法:指利用水蒸气的高温杀灭病原体的方法。高压蒸

汽传热快、温度高、穿透力强，杀菌作用强。常用温度为115℃、121℃或126℃，保持20～30分钟，即可达到灭菌作用。适用于耐热、耐湿物品的消毒，如注射器等接种用具的消毒。

(2)干热法　比湿热法需要更高的温度与较长的时间。

①干烤法：利用干燥箱加热至160℃～180℃，保持2小时，可杀死微生物，包括芽孢菌。适用于不能带水分的玻璃容器、金属器械、瓷器等耐热器具的灭菌。

②燃烧法：是一种简单、迅速、彻底的灭菌方法，因对物品的破坏性大，故应用范围有限。主要方法有以下三种。

火焰法：利用火焰喷射器喷射火焰灼烧耐火的物体，以杀灭黏附在物体表面的病原体。常用于羊舍墙壁、地面、笼具、金属设备等表面的消毒。

焚烧法：直接焚烧被污染的低价值易燃物品（如垫草、粪便、器具）以及病死动物尸体等，以达到彻底杀灭病原体的目的。通常用于处理患急性烈性传染病病羊的尸体及被污染的垫草、粪便、垃圾和废弃物等。将要处理的尸体和物品置于专用的焚烧炉焚烧，使之炭化，达到无害化。

烧灼法：用火焰烧烤一些耐高温的器械（如金属、搪瓷类），在急用或无条件用其他方法消毒时可采用此法。如将器械放在火焰上烧灼1～2分钟。

4. 辐射消毒法　有非电离辐射与电离辐射两种。电离辐射设备昂贵，对物品和人体有一定伤害，故使用较少。这里仅介绍非电离辐射消毒法。

(1)紫外线消毒法　用紫外线灯照射以杀灭空气中或物体表面的病原微生物，广泛用于空气和一般物品表面的消毒。紫外线穿透力很弱，不能通过普通玻璃，空气中的尘埃可降低其杀菌效果，光照强度随距离加长而降低，对不同微生物的杀灭剂量不同，对人体暴露部位有损害。因此，使用紫外线消毒时一定要注意光源的高度、强度，以保证人、畜健康。

(2)红外线消毒法　红外线辐射是一种 0.77～1 000 微米波长的电磁波，有较好的热效应，尤以 1～10 微米波长的热效应最强，多用于器械的灭菌。红外线由红外线灯泡产生，不需要经空气传导，所以加热速度快，但热效应只能在照射到的物品表面产生，因此不能使一个物体的前后左右均匀加热。红外线的杀菌作用与干热法相似，被认为是一种干热灭菌。人受红外线照射较长时间后会感觉眼睛疲劳和头疼，长期照射会造成眼内损伤，因此工作人员应用本法时应戴红外线防护镜。

(3)微波消毒法　微波是一种波长为 1 毫米至 1 米左右的电磁波，频率较高，可穿透玻璃、塑料与陶瓷等物质，但不能穿透金属，因而常用于非金属器械的消毒。微波长期照射可引起眼睛的晶状浑浊、睾丸损伤和神经功能紊乱等全身性反应，因此必须做好防护措施后再开始操作。

(二)化学消毒法

化学消毒法是指使用化学消毒剂使病原体的蛋白质凝固、变性而失去活性，或使病原体的增殖发生障碍，从而杀灭微生物的方法。凡不适于用热力法消毒的物品，都可以选用化学法进行消毒，因其消毒效率高，所以是动物防疫、兽医临床最为常用的消毒方法。

1. 喷雾消毒法　是用喷雾器将消毒剂均匀喷洒在空气中或物体表面的消毒方法。气雾发生器喷射出的气雾粒子直径和质量极小，所以能在空气中飘浮较长时间并可进入细小的缝隙中，消毒效果较好，是消灭气源性病原微生物的理想方法。

2. 喷洒消毒法　是指将消毒液通过喷雾器或洒水壶喷洒于设备或物体表面的消毒方法。常用于圈舍地面、墙壁、饲槽、动物产品等的消毒。

3. 浸泡消毒法 将物品浸泡于消毒液中以杀灭病原体。适用于兽医器械、小型用具、衣物以及工作人员手臂等的消毒。

4. 熏蒸消毒法 是指利用消毒剂挥发或在化学反应中产生的气体杀死封闭空间中病原体的消毒方法。

5. 擦拭消毒法 用消毒剂擦拭被污染的物体表面或皮肤的消毒方法。适用于羊舍地面、墙裙、器具或注射部位皮肤的消毒。

(三)生物消毒法

生物消毒法是利用生物及其代谢产物等将病原体杀灭或清除的消毒方法，主要用于粪便的无害化处理。

三、化学消毒剂

化学消毒剂是指用于抑制或杀灭环境中的病原微生物、防止疾病发生和传播的药物，简称为消毒剂。与抗生素和其他抗菌药物的不同之处在于消毒剂无明显的抗菌谱，主要作用是将病原微生物消灭于动物体外，切断疫病的传播途径，达到控制疫病的目的。

(一)消毒剂的分类方法

1. 按消毒剂杀灭微生物的效能分类 可分为以下四类。

(1)灭菌剂 可杀灭一切微生物以达到灭菌要求的制剂，包括甲醛、戊二醛、环氧乙烷、过氧乙酸、过氧化氢、二氧化氯等。

(2)高效消毒剂 指可杀灭一切细菌繁殖体、病毒、真菌及其孢子等，对细菌芽孢也有一定杀灭作用，达到高水平消毒要求的制剂，包括含氯消毒剂、氢氧化钠等。

(3)中效消毒剂 指仅可杀灭真菌、病毒和细菌繁殖体等微生物，达到消毒要求的制剂，包括含碘消毒剂、醇类消毒剂、酚类消毒剂等。

(4)低效消毒剂　指仅可杀灭细菌繁殖体和亲脂病毒，达到消毒要求的制剂，包括苯扎溴铵等季铵盐类消毒剂、氯已定等双胍类消毒剂、中草药消毒剂等。

2. 按消毒剂的化学结构分类　分为以下九类。

(1)酚类消毒剂　包括苯酚、甲酚、卤代苯酚和酚的衍生物，能使微生物蛋白质变性、凝固而产生杀菌和抑菌作用。该类药物能杀死一般细菌，但对芽孢无效。

(2)醛类消毒剂类　包括甲醛、聚甲醛和戊二醛。通过烷基化使微生物蛋白质变性和凝固而发挥杀菌作用。对细菌及其芽孢、真菌、病毒均有效，但具有刺激性和毒性，易造成皮肤上皮细胞死亡。可用于排泄物、运载工具和圈舍的消毒。

(3)醇类消毒剂　最常用的是乙醇，可凝固蛋白质，导致微生物死亡。对细菌有效，对芽孢无效，对病毒无显著效果。使用方便、安全、快速、易挥发，可用于器械、皮肤等表面的消毒。

(4)酸类消毒剂　可使微生物蛋白质水解、变性、沉淀或溶解而呈现杀灭作用。包括有机酸和无机酸两大类，前者如盐酸和硼酸等，后者如醋酸、乳酸等。

(5)碱类消毒剂　氢氧根离子可水解蛋白质和核酸，使微生物的结构和酶系统受到损害。有较强的杀灭作用，尤其对病毒和革兰氏阴性菌杀灭作用更强。常用的有氢氧化钠、生石灰等。

(6)含氯消毒剂　可杀灭各种微生物，包括细菌繁殖体、病毒、真菌和抵抗力最强的细菌芽孢。这类消毒剂包括：无机氯化合物，如次氯酸钠、漂白粉等；有机氯化合物，如二氯异氰尿酸钠、三氯异氰尿酸、氯铵 T 等。常用于环境、物品表面、饲养用具、饮用水、污水、排泄物等的消毒。

(7)含碘消毒剂　包括碘酊、碘伏等，可杀灭细菌繁殖体、真菌和部分病毒，适用于皮肤、黏膜的消毒。

(8)过氧化物类消毒剂　能释放出新生态氧,氧化菌体中的活性基团而呈现杀菌作用。消毒后在物品上不留残余毒性,但因其化学性质不稳定须现用现配,使用不方便,且因其氧化能力强,高浓度时可刺激、损害皮肤黏膜和腐蚀物品,故主要用于设备、管道、空气等的消毒。常用的有过氧化氢、过氧乙酸等。

(9)双胍类和季铵盐类消毒剂　属于阳离子表面活性剂,能改变菌体细胞膜的通透性,使菌体内的酶、辅酶和代谢中间产物逸出而发挥杀菌作用。适于皮肤、黏膜、手术器械、工作服的消毒,常用的有苯扎溴铵、氯己定等。

3. 按消毒剂对微生物的作用机制分类

(1)凝固蛋白质消毒剂　包括酚类、酸类和醇类。

(2)溶解蛋白质消毒剂　主要有氢氧化钠、生石灰等碱类。

(3)氧化蛋白质消毒剂　包括含氯消毒剂和过氧化物消毒剂。

(4)烷基化消毒剂　包括甲醛、戊二醛、环氧乙烷等。

(5)阳离子表面活性剂　高浓度时凝固蛋白质,低浓度时抑制细菌代谢。

(6)其他消毒剂　具有脱水作用的消毒剂如乙醇,具有卤化作用的消毒剂如碘等。

(二)消毒剂应具备的条件及使用原则

由于微生物抵抗力不同以及消毒剂性能特点各异,在使用化学消毒剂时要针对消毒对象并结合消毒剂的性能特点,科学合理地选择消毒剂和消毒方法,以确保消毒目的。

1. 理想消毒剂应具备的条件　一是无毒或低毒,对人和动物安全;二是杀菌谱广,使用浓度低;三是作用迅速、活性强,在有体液、脓液、坏死组织和其他有机物质存在时仍能保持良好抗菌活性;四是易溶于水;五是可在低温下使用;六是具有较高的脂溶性和分布均匀的特点,能与去污剂配伍应用;七是性质稳定,不易受外界因素干扰而降低消毒效果；八是对金属、橡胶、塑料、衣物等无腐蚀作用，对设备无破坏性；九是消毒后容易除去残留的药物，不残留于环境、动物性食品中；十是无易燃性和易爆性，使用无危险性，便于运输，价格低廉，来源充足，使用方便。

通常根据消毒的目的和对象、消毒剂的作用机制与适用范围，选择最适宜的消毒剂（表 2-1）。

表 2-1　不同消毒对象的消毒剂选择

消毒对象		消毒剂名称
皮肤、黏膜	皮　肤	苯扎溴铵、氯己定、乙醇、碘酊
	黏　膜	过氧化氢溶液、硼酸、高锰酸钾
环境、器具	羊舍、兽医室、接种室的空气	甲醛＋高锰酸钾、过氧乙酸
	圈舍地面	石灰乳或生石灰、漂白粉、草木灰、氢氧化钠
	运动场地	漂白粉、石灰乳
	带羊环境	苯扎溴铵、过氧乙酸、漂白粉
	消毒池	氢氧化钠、甲酚皂溶液
	兽医器械	苯扎溴铵、甲酚皂溶液、氯己定
	饲养设备和用具	漂白粉、过氧乙酸、氢氧化钠
	动物及其产品运载工具	氢氧化钠、漂白粉、甲醛
	皮张、毛	盐酸、氢氧化钠、过氧乙酸
	粪　便	漂白粉、生石灰、草木灰

2. 消毒剂的使用原则

(1)合理配制消毒剂　每种消毒剂有其适宜的浓度范围，使用前应参考厂家提供的说明书进行配制。

(2)清洁消毒物品和场所　消毒前应将物品和场所清洗、清扫干净，然后再进行消毒，否则会降低消毒效果。

(3)严格控制消毒时间　消毒剂的作用时间不得随意改变，高浓度时可适当缩短消毒时间，但所有消毒时间的变更都要有试验作为基础。

(4)现配现用　消毒液经长期频繁使用或放置，有可能变性，消毒能力降低或失效，特别是中效和低效消毒剂，如石灰乳等。因此，消毒剂最好现配现用。

(5)配伍禁忌　除有特殊说明之外，不同的消毒剂不能混合使用。

(6)安全防护　操作时还须注意个人防护，消毒后的圈舍、接种室、兽医室、检验室，在下次使用前应让其充分通风换气。

(三)常用消毒剂

消毒剂一般具有不良气味、刺激性和腐蚀作用，使用不当会使工作人员和羊只中毒或烧伤，因此只能外用或用于环境和器具的消毒。还有一部分消毒剂，在高浓度时呈现杀菌作用，用于活体组织的表面能抑制微生物生长繁殖，称其为防腐药，主要用于皮肤、黏膜的消毒。

1. 环境消毒剂　用于环境、圈舍、地面、兽医器械、饲养用具、运输工具、皮毛、粪便、饮水、空气等消毒时，常选用以下消毒剂。

甲酚皂溶液（来苏儿溶液）

【作用和用途】　能杀灭多种细菌，包括绿脓杆菌和结核杆菌，但对芽孢作用较弱。可用于手、器械、环境和排泄物的消毒。

【用法和用量】　1%～2%溶液用于手、皮肤和器械消毒；3%～5%溶液用于器具、圈舍、场地的喷洒消毒；5%～10%溶液用于排泄物、微生物实验室废弃的带病原材料的消毒。

【注意事项】　对皮肤、黏膜有腐蚀性。

苯酚（石炭酸）

【作用和用途】　能杀灭细菌繁殖体，使菌体蛋白质变性，常温下对细菌芽孢和病毒无杀灭作用。可用于环境和器具消毒。

【用法和用量】　5%～10%水溶液用于外科器械（浸泡）、圈舍、用具、排泄物和其他物品(喷雾、湿抹)的消毒,作用30～60分钟,器械在使用前需用灭菌生理盐水冲洗干净。

【注意事项】 ①对皮肤有刺激性,不可用于创伤、皮肤消毒;②忌与碘、高锰酸钾、过氧化氢等配伍应用。

甲醛溶液

【作用和用途】 能杀死细菌的繁殖体,对芽孢(如炭疽芽孢)和抵抗力强的结核杆菌、病毒、真菌等也有效。可用于圈舍、仓库、皮毛、衣物、器具等的消毒以及样品和尸体的防腐。

【用法和用量】 0.8%溶液消毒器械;0.8%～1.6%溶液喷洒墙壁、地面、饲槽等;4%溶液保存病理组织样品。室内消毒可将40%甲醛溶液与高锰酸钾混合(2∶1)后,加热蒸发消毒4～10小时。

【注意事项】 ①刺激性大,用时注意人畜防护;②药液污染皮肤后立即用肥皂和水清洗。

氢氧化钠(苛性钠)

【作用和用途】 杀菌力强,能杀死细菌繁殖体和芽孢、病毒,还能皂化脂肪和清洁皮肤。常用热溶液(热能杀灭微生物和寄生虫卵,且可溶解油脂,加强去污能力)消毒环境和器具。

【用法和用量】 2%热水溶液用于消毒被细菌、病毒污染的圈舍、饲槽、车辆和其他用具;4%～5%溶液可用于被炭疽芽孢污染场地的消毒。

【注意事项】 ①对组织有腐蚀性,能损坏织物和铝制品;②消毒圈舍前,将羊移出,消毒后6～12小时,用水将饲槽和地面冲洗干净,羊只才可进入舍内;③注意个人防护。

生石灰

【作用和用途】 对繁殖型细菌有良好的消毒作用,对芽孢无效。可用石灰乳涂刷圈舍墙壁、畜栏、地面等,也可直接将生石灰撒于阴湿地面、粪池周围和污水沟处。

【用法和用量】 10%～20%石灰乳用于圈舍墙壁、畜栏、地面等的消毒；羊场门口常放置浸透20%石灰乳的草垫，用于出入人员鞋底的消毒；粪池周围和阴湿地面可撒布生石灰。

【注意事项】 临用时配制。

漂白粉

【作用和用途】 对细菌及芽孢、病毒和真菌都有杀灭作用，可用于圈舍、畜栏、场地、车辆、排泄物等的消毒。

【用法和用量】 0.03%～0.15%浓度消毒饮用水；5%～20%混悬液或1%～5%澄清液用于饲槽、圈舍等的消毒；1%～5%澄清液用于玻璃器皿和非金属用具的消毒。

【注意事项】 ①对皮肤和黏膜有刺激性，注意个人防护；②禁用于金属制品及有色织物；③临用时配制。

过氧乙酸

【作用和用途】 杀菌作用强，短时间内可杀死细菌、芽孢、真菌和病毒。多用于圈舍、器械的消毒，也可用于皮肤消毒。

【用法和用量】 0.04%～0.2%溶液浸泡耐酸塑料、玻璃等用具；0.5%溶液喷雾圈舍和车船；3%～5%溶液加热熏蒸室内。

【注意事项】 ①临用前用水稀释；②腐蚀性强，有漂白作用。

2. 皮肤、黏膜消毒剂 常用于注射免疫接种、外科手术清创和皮肤、手臂、术野部位的消毒。

乙醇(酒精)

【作用和用途】 能杀死繁殖型细菌，对囊膜病毒也有杀灭作用，但对细菌芽孢无效。当乙醇浓度低于20%时杀菌作用微弱，高于95%时作用不可靠。常用70%～75%乙醇消毒皮肤和器械，亦可用作配制碘酊或药物的溶媒。

【用法和用量】 70%～75%溶液用于注射部位、术野、伤口周围等的皮肤以及刀、剪、体温计等器械的消毒。

【注意事项】 对黏膜刺激性大，不能用于黏膜和创面消毒。

碘

【作用和用途】 具有强大的杀菌作用，可杀灭细菌芽孢、真菌、病毒、原虫等病原体。碘酊是常用的皮肤消毒药，碘甘油刺激性较小，多用于黏膜消毒。

【用法和用量】 2%碘溶液不含酒精，适用于皮肤浅表破损和创面消毒。一般皮肤消毒用2%碘酊，术野消毒用5%碘酊。碘对组织有较强的刺激性，碘酊涂抹皮肤待稍干后，用70%乙醇擦去，以免引起皮炎和脱皮。5%碘甘油用于治疗黏膜的各种炎症。

【注意事项】 ①碘酊须涂于干燥的皮肤上，如涂于湿皮肤上不仅杀菌效力降低，且易引起发泡和皮炎；②配制的碘液应存放在密闭、避光容器内。

【配　制】

2%碘酊：称取2克碘、1.5克碘化钾，溶解于100毫升50%乙醇中。

10%碘酊：含碘10%、碘化钾7.5%，用95%乙醇配制。

5%碘酊：将10%碘酊与等量50%乙醇混合即得5%碘酊。

碘溶液：即含碘2%、碘化钾2.5%的水溶液。

碘甘油：含碘1%、碘化钾1%，用甘油配制。

苯扎溴铵(溴苄烷胺、新洁尔灭)

【作用和用途】 对多数革兰氏阳性菌和阴性菌有杀灭作用，对部分病毒亦有作用，对细菌芽孢仅有抑制作用。常用于创面、皮肤和手术器械的消毒。

【用法和用量】 0.1%(以苯扎溴铵计)溶液消毒手臂、手指(浸泡5分钟)、手术器械和玻璃仪器(煮沸15分钟后浸泡30分钟)；0.01%溶液用于创面消毒。

【注意事项】 ①忌与肥皂或其他阴离子活性剂、碘化物、过氧化物等配伍应用；②术者用肥皂洗手后，务必用水冲净后再用本品；③可引起人体过敏。

氯己定(洗必泰)

【作用和用途】 对革兰氏阳性菌和阴性菌、真菌有杀灭作用，作用持久，毒性低，无局部刺激性。醋酸氯己定水溶液常用于黏膜、皮肤、术野、器械、用具等的消毒。

【用法和用量】 0.02%溶液消毒手臂；0.05%溶液消毒黏膜和创面；0.1%溶液消毒器械；0.5%溶液冲洗创伤。

【注意事项】 ①可引起人的接触性皮炎；②禁忌与甲醛、碘酊、高锰酸钾配伍应用；③肥皂、碱性物质和其他阴离子表面活性剂均可降低氯己定的杀菌效力；④水溶液宜贮存于中性玻璃瓶中，每2周重配1次；⑤用作器械消毒时，需加0.5%亚硝酸钠以防生锈。

高锰酸钾(灰锰氧)

【作用和用途】 属强氧化剂。遇有机物、酸、碱或加热等即释出新生态氧呈现杀菌、除臭、解毒作用。其作用可因有机物的存在而减弱，在酸性条件下可显著提高杀菌作用。主要用于黏膜消毒和清洗创面，也可用于环境消毒。

【用法和用量】 0.1%溶液用于创面冲洗；0.2%～0.5%溶液用于膀胱、阴道的洗涤消毒；与甲醛溶液配合使用，可用于羊舍熏蒸消毒。

【注意事项】 ①不同适应证采用不同浓度的溶液；②避光保存；③高浓度的高锰酸钾对组织有刺激和腐蚀作用；④药液应新鲜配制。

过氧化氢溶液

【作用和用途】 有较强的氧化性，具有消毒、防腐、除臭、止血的功能。但作用时间短，穿透力弱，易受有机物的影响。多用于清洗创面，尤其适用于厌氧菌感染以及破伤风、气性坏疽的创面。

【用法和用量】 3%过氧化氢溶液常用于清洗化脓性创伤；2.5%溶液用于消毒用具和墙壁。

【注意事项】 ①避免用手直接接触高浓度过氧化氢溶液；②忌与有机物、碱、生物碱、碘化物、高锰酸钾或其他强氧化剂配伍；③不能注入胸腔、腹腔等密闭体腔或腔道，或气体不易逸散的深部脓疡，以免产气过速，导致栓塞或扩大感染。

四、消毒设施和设备

（一）人员防护装备

实施消毒的所有工作人员需配置个人防护装备，如工作服、口罩、胶靴等。赴疫区进行消毒时，特别是参与重大动物疫病扑灭消毒的工作人员必须穿防护服或长袖手术衣再加一件防水围裙，戴可消毒的橡胶手套、N95 口罩或标准手术用口罩、护目镜，穿可消毒的胶靴或者 1 次性鞋套。

（二）常用消毒设备

1. 物理消毒法使用的设备

（1）清扫清洗工具　扫帚、叉子、铲子、锹和冲洗用水管。

（2）紫外线消毒灯　兽医室、疫苗接种室、羊舍等室内，应安装紫外线灯。常用的紫外线灯管有 15 瓦、20 瓦、30 瓦、40 瓦 4 种，多采用悬吊式，也可用移动式灯架。紫外线灯配用抛光铝板做反向罩，可增强消毒效果。

（3）高压蒸汽灭菌器　常用有手提式、卧式、台式、立式高压蒸汽灭菌锅。锅外有压力表，当蒸汽压力升高时，温度也随之相应升高。

（4）消毒柜　条件良好的兽医室应配备消毒柜，对耐高温的金属、玻璃等制品，如免疫接种、外科手术等器械进行高温消毒。

（5）干燥箱　常用电热恒温干燥箱、远红外干燥箱。用于耐高温的金属、搪瓷和玻璃器皿的消毒。

(6)火焰消毒器械　常用火焰消毒机、火焰喷射枪。用于喷射火焰消毒耐火材料如墙壁、金属器械、笼具等。

2. 化学消毒法使用的设施

(1)消毒容器　为玻璃或陶瓷容器，用于器具的浸泡消毒。注意在容器外加贴标签，标明消毒剂名称、浓度、配制时间、有效期等。

(2)消毒器械　常用消毒工具包括手动喷雾器、机动喷雾器、电动喷雾器、电动超微粒雾化喷雾器、高压清洗消毒机等，可用于羊舍清洗完毕后的喷洒消毒、带羊消毒以及场内道路、周围环境和进入场区车辆的消毒，尤其对人为不能擦拭消毒的屋顶、墙面和缝隙等消毒时，使用喷雾装置方便、效果好。

(三)尸体和粪便的处理设施

1. 尸体的处理设施　疾病常会导致羊只死亡，加之规模化羊场在疫病流行期，可能有羊只死亡或被扑杀。因此，动物疫病防控机构和大中型羊场应修建动物尸体处理场所，配备必要的生物安全处理设施和设备，如焚化炉、尸体坑等。

2. 粪便的处理设施　养殖场应遵循减量化原则，实行“清污分流、粪尿分离”。将雨水和清洗粪便的污水使用不同管道分别收集、贮存和处置，以减少污水数量；将固体粪便和液体污水分别收集、输送、贮存，以减少处理成本。在场区的下风向处修建粪便处理场所。

五、消毒操作技术

(一)进场人员和车辆的消毒

羊场生产区入口处设置更衣室与消毒室，更衣室内安装淋浴设备，消毒室内设置消毒池和紫外线消毒灯。出入生产区的工作人员必须进行洗澡、消毒、更衣。此外，工作人员进入或离开每一栋羊舍都要清洗双手、踏消毒池消毒鞋靴。人员行走的通道上设置消毒槽，内用草垫等物体做消毒垫，消毒垫以20%新鲜石灰乳或2%～4%氢氧化钠溶液或3%～5%甲酚皂溶液浸泡。当进入隔离舍和检疫室时，还要换上另外一套工作服和胶靴。

羊场大门入口处供车辆通行的道路上应设置消毒池，其宽度同大门，长为机动车辆车轮周长的1.5～2.5倍，深10～15厘米以上。消毒池内置浸有4%氢氧化钠溶液的草垫，对过往车辆进行消毒，每周更换药液1次。

（二）羊舍及周围环境的消毒

羊舍除保持干燥、通风、冬暖夏凉外，平时还要做好消毒工作。每周消毒1次，每年春秋季各进行1次大消毒。产房的消毒应在产羔前进行1次，产羔高峰时多消毒几次，产羔结束后再消毒1次。羊全部出栏后，用消毒药从内到外、从上到下全面喷雾消毒1次，然后将可移动的设备、器具等移至舍外，再清除舍内粪便、垫草等污物并进行堆肥发酵或集中焚烧，用水冲洗棚舍、墙壁、地面和舍外墙壁、道路，待室内干燥后，选用3%～5%氢氧化钠水溶液，或10%～20%石灰乳、10%漂白粉、0.5%过氧乙酸溶液喷雾舍内所有非金属物品和空间，以及舍外道路、墙壁、门窗。消毒液的用量以羊舍内每平方米面积用1～2升药液计算。喷雾时雾滴要小，药液要喷到物体的各个部位，2～3小时后打开门窗通风，用水刷洗饲槽和用具，以除去药味和残留的消毒剂。空舍一段时间后，在羊入舍前2～3天，封闭门窗，再用甲醛溶液或甲醛溶液与高锰酸钾混合液熏蒸12～24小时，然后开门窗通风24小时。圈舍墙壁定期用石灰乳粉刷，地面潮湿泥泞时，可撒布一层干石灰或草木灰，消毒后用新土垫平。土壤表面可用10%漂白粉溶液、10%氢氧化钠溶液或4%甲醛溶液进行消毒。

对于运动场,先清除地面污物,再用10%～20%漂白粉溶液喷洒,或用火焰消毒,运动场围栏可用15%～20%的石灰乳涂刷。

在病羊舍、隔离圈的出入口处放置浸有4%氢氧化钠溶液的麻袋片或草垫。被传染病病原体污染的场地,如为泥土地面,需深翻0.3～0.5米,撒布干漂白粉(用量为每平方米0.5千克),然后以水洇湿、压平。对于停放过死于芽孢菌所致传染病(如炭疽)病羊尸体的场所,应严格消毒,先用10%漂白粉溶液喷洒地面,然后将表层土壤挖起30厘米以上,撒上干漂白粉与土混合,再将此表层土用密闭运输工具运出深埋。

(三)用具和器械的消毒

防疫用具、采样器材、饲养用具等器具洗刷清理后进行常规消毒。室内可移动的设施、器具应定期移出羊舍,经清洁冲洗、消毒药浸泡后,置于阳光下暴晒,然后移入舍内。食槽、饮水器等也可移出舍外暴晒,再用1%～2%漂白粉溶液、0.1%高锰酸钾溶液或0.1%氯己定溶液等浸泡或洗刷,也可用0.2%～0.5%过氧乙酸溶液浸泡2小时。对接触过病羊排泄物、血液、尸体、脏器等的所有器械、用具,则应进行彻底消毒处理。

(四)工作人员手臂和工作服的消毒

凡是与羊只接触的防疫员、兽医和养殖人员等用肥皂洗手,接触病羊后必须用0.1%苯扎溴铵溶液浸泡手5分钟。工作服、工作帽、工作鞋、口罩、手套等应保持清洁、定期消毒。消毒时可采用紫外线灯(15瓦)照射2小时以上,或者用有效消毒液如0.1%苯扎溴铵溶液浸泡2小时以上,棉织工作服也可用高压蒸汽消毒。

(五)动物及动物产品运载工具的消毒

新的运载工具,在装运羊或饲料前先清扫干净,用0.1%苯扎溴铵溶液喷洒消毒后,再用清水冲净。装运过健康羊的运载工具,清扫后用60℃～70℃热水消毒。装运过病羊的运载工具,清扫后用60℃～70℃热水和含2%～5%有效氯的漂白粉或4%氢氧化钠溶液洗涤消毒,清出的污物和粪便须堆肥发酵。装运过炭疽杆菌等芽孢菌感染所致传染病病羊的运载工具,先用4%甲醛溶液喷洒消毒,0.5小时后用60℃～70℃热水冲洗,再用4%甲醛溶液喷洒消毒,清出的粪便必须焚毁。

(六)粪便和污水的消毒

1. 粪便消毒 在一般情况下,羊粪最好采用生物消毒法使被病原体污染的粪便变为无害,还可做肥料使用。消毒时应在远离人、畜、房舍和水源300米以上、地面平整处挖一深坑,坑底垫稻草,放入粪便,再在上面放稻草或健康畜禽粪便,再加盖10厘米厚的草泥或土,经1～3个月发酵即可。采用这种方法可以杀灭大多数病原体,但是对炭疽等传染病病羊的粪便,必须焚烧或经有效的消毒剂处理后深埋。

2. 污水消毒 将污水引入处理池,加入消毒剂进行消毒,用量视污水量而定,一般每升污水用2～5克漂白粉。

(七)皮毛的消毒

1. 盐酸食盐溶液消毒法 用2.5%盐酸溶液和15%食盐水溶液等量混合,将皮张浸泡在此混合液中,并使液温保持在30℃左右,每平方米的皮张用10升消毒液,浸泡40小时。浸泡后捞出沥干,放入2%氢氧化钠溶液中,以中和皮张上的酸,再用水冲洗后晾干。也可按100毫升25%食盐水溶液中加入盐酸1毫升配制消毒液，在15℃室温下浸泡48小时，皮张与消毒液之比为1∶4。浸泡后捞出沥干，然后放入1%氢氧化钠溶液中浸泡，以中和皮张上的酸，最后用水冲洗后晾干。

2. 过氧乙酸消毒法 适合于任何染疫羊的皮毛消毒。将皮毛放入新鲜配制的2%过氧乙酸溶液中浸泡30分钟，捞出用水冲洗后晾干。

3. 碱盐液浸泡消毒法 将皮毛浸入5%碱盐液（饱和盐水内加5%氢氧化钠）中，于室温下（18℃～25℃）浸泡24小时，并随时搅拌，然后取出挂起，待碱盐液流净，放入5%盐酸液内浸泡，使皮上的酸碱中和，捞出，用水冲洗后晾干。

六、消毒制度和消毒规程

（一）消毒制度

1. 环境消毒 羊舍周围环境定期用2%氢氧化钠溶液或撒布生石灰消毒。羊场周围及场内污水池、排粪坑、下水道出口，每月用漂白粉消毒1次。

2. 入口处消毒 在羊场、羊舍入口处设消毒池，并定期更换消毒液。

3. 羊舍消毒 每批羊只出栏后，要彻底清扫羊舍，采用喷雾、火焰、熏蒸等方法消毒。

4. 用具消毒 定期对分娩栏、补料槽、饲料车、料桶、人工输精器械等饲养、繁育用具进行消毒。

5. 带羊消毒 定期进行带羊消毒，减少环境中的病原体。

6. 人员消毒 工作人员进入生产区净道和羊舍，要更换工作服和工作鞋，并经紫外线灯照射5分钟。

(二)消毒规程

1. 进出羊场时的消毒规程

(1)工作人员的消毒　场内工作人员应备有2套工作服装,一套在场内工作时间用,一套在场外用。进场时,将场外工作服换成场内工作服,穿胶靴,经由放置2%～4%氢氧化钠溶液的消毒池消毒鞋底后进入场内。工作人员外出时经场长批准后,穿胶靴,经消毒池后进入更衣间,换上场外服装,经门卫严格检查后,方可出羊场。

(2)车辆出入时的消毒　送料车或经场长批准的特殊车辆可进出羊场,进出时由门卫用过氧乙酸溶液对整车全方位喷雾消毒;车辆经消毒池入场;驾驶员不得离开驾驶室,若必须离开,则应穿工作服,进场后不得脱下工作服。

2. 带羊消毒规程　由防疫员负责实施,场长监督。具体操作步骤是:定期进行带羊消毒,通常每隔2～3周1次;先清除污物、清扫地面,彻底清洗器具和用品,再用0.2%～0.5%过氧乙酸或0.3%漂白粉溶液喷雾消毒,消毒中注意对羊群防护。

3. 空舍消毒规程　由防疫员具体实施,场长监督。具体操作步骤是:羊出栏后先用热碱水对羊舍消毒,再清除粪便;彻底清扫舍内外羊粪,用密闭工具运至离羊舍300米处堆积发酵处理;用3%氢氧化钠溶液喷洒舍内地面,0.2%过氧乙酸溶液喷洒墙壁;打扫羊舍后,再用0.2%过氧乙酸溶液每隔1天消毒1次。

4. 舍外消毒规程　由防疫员负责实施,场长监督。具体操作步骤是:每天上午7时、下午1时更换大门口消毒池内的氢氧化钠溶液;每天上午7时对大门口、办公区、生活区用过氧乙酸喷雾消毒;每周进行1次场区全面消毒,可选择在天气凉爽时进行,如早上或傍晚(冬季除外)用3%氢氧化钠或过氧乙酸溶液喷洒。

七、消毒时的注意事项

(一)明确消毒对象

应具体分析引起传染病传播的途径、媒介物和病原微生物的种类以及消毒的对象，有针对性地进行消毒。

(二)采用适宜方法

1. 高度危险的环境和器材　羊场大门口、进入车辆、圈舍必须用高效消毒剂或火焰、熏蒸方法消毒；发生疫情后，环境必须用高效消毒剂实施严格的消毒，焚烧粪便和动物尸体。凡需穿透羊的皮肤、黏膜而进入无菌的组织或器官内部，或与破损的皮肤黏膜密切接触的器材，如免疫接种用具、手术器械、注射器等，必须选用高效消毒法。

2. 中度危险的环境和器材　一般环境喷洒甲酚皂溶液，饮水消毒用含氯消毒剂，疫苗接种或采血部位皮肤的消毒用乙醇和碘酊，粪便进行堆积发酵。仅与皮肤、黏膜密切接触，而不进入无菌组织内的体温计、麻醉器械等，应选用中效消毒法。

3. 低度危险的器材和物品　凡不进入羊体内组织，不接触黏膜，仅直接或间接与健康无损皮肤接触的器材和物品，如果没有足够数量的病原微生物污染，一般并无危害，如工作人员的口罩、工作服、投药用具等，可选用低效消毒法，只要求去除一般细菌繁殖体和亲脂病毒即可。

(三)控制影响因素

1. 病原体的种类　不同病原体对不同消毒方法的耐受性不同。例如，细菌芽孢对各种消毒措施的耐受力最强，一般将其作为最难消除的病原体，必须用热力杀菌、辐射处理或杀菌力强的消毒剂，才能取得较好效果；结核杆菌对热力消毒敏感，而对一般消毒剂的耐受力却比其他细菌强；肠道病毒对过氧乙酸的耐受力与细菌繁殖体相近，但季铵盐类对其无效；其他细菌繁殖体、病毒、螺旋体、支原体、衣原体、立克次体对一般消毒处理耐受力均差，常用消毒方法一般均能取得较好效果。

2. 消毒对象的性质 同一消毒方法对不同性质物品消毒的效果往往不同。例如，高压蒸汽杀菌效果虽好，但不宜用于毛皮、塑料和人造纤维制品；对于油漆光滑的墙面，喷洒药液不易停留，则应选择冲洗、擦拭等方法消毒；环氧乙烷熏蒸对易于吸收药物的布、纸张等效果较好，而对金属表面的消毒则需延长时间；对粪便不宜用具有凝固蛋白质作用的消毒剂处理，因蛋白质凝固对病原体可起保护作用；用高浓度过氧乙酸或含氯消毒剂（如漂白粉）浸泡棉织品，或用甲酚皂溶液多次、长时间浸泡乳胶手套，可造成物品损坏。

3. 消毒场所的特点 对密闭性好的兽医室、羊舍等室内消毒可用熏蒸法，密闭性差者应用消毒液擦拭或喷洒；通风良好的圈舍可用通风换气法消毒，通风不良的圈舍应用药物熏蒸和喷雾法消毒；带羊环境，不能用刺激性强的气体消毒；接近火源时不宜用环氧乙烷等易燃品消毒。

4. 动物防疫的要求 传染病流行时，发病严重的疫点和疫区，应集中使用效力好的药物与器械；发病少的外围地区，可采用简易消毒方法；对隔离圈、兽医站、动物医院等病羊集中、污染严重的场所，应采用固定设备和高效措施；对呼吸道传染病，强调空间隔离、通风；对消化道传染病应注重饲养用具、粪便、呕吐物、排泄物的消毒和人员接触后的洗手与消毒。

此外，在消毒时还需注意消毒剂量（包括消毒的强度和作用时间），消毒对象的污染程度，消毒对象的温度、湿度和酸碱度，有关化学拮抗物，消毒剂的穿透力和表面张力等。

思考题

1. 解释下列概念：消毒，灭菌，预防性消毒，紧急消毒，终末消毒，物理消毒法，化学消毒法，消毒剂。

2. 常用污染物品的消毒方法有哪些（至少列出 4 种）？

3. 常用环境消毒剂和皮肤消毒剂有哪些？

4. 如何对手臂、羊舍及其周围环境、饲养器具、注射器、运载工具、粪便进行消毒？

5. 常用的消毒设施和设备有哪些？

6. 简述羊场消毒制度。

7. 消毒时应注意哪些事项？

第三章 免疫接种技术

一、免疫接种的概念和分类

(一)免疫接种的概念

免疫接种是将疫苗、类毒素、免疫血清等生物制品接种于动物体,使其获得抵抗某种传染病或寄生虫病的能力。在羊病防疫中,免疫接种是最为经济、方便、有效的手段,可使机体产生针对相应病原体的特异性抵抗力,使易感动物转化为非易感动物,从而达到预防和控制疫病的目的。

(二)免疫接种的分类

1. 计划免疫和强制免疫

(1)计划免疫 指依据国家或地方消灭、控制动物疫病的要求,根据疫情监测及羊群免疫水平的调查与分析,将各种疫苗按科学的免疫程序,合理地、有计划地进行预防接种。

(2)强制免疫 指以行政乃至法律手段对某些重大动物疫病(如口蹄疫等)执行的免疫接种。

2. 预防免疫接种、紧急免疫接种和临时免疫接种

(1)预防免疫接种 指为预防传染病的发生流行,平时有计划地给健康羊群进行的免疫接种。预防接种应有周密的计划,制定合理的免疫程序,规范地使用疫苗。

(2)紧急免疫接种 指为扑灭、控制疫病的流行,在疫区、疫点或受威胁区对易感动物实施的突击性免疫接种。因此,当某羊场或某地区已经发病，威胁到其他羊场或周边地区时，就要对疫区及受威胁区的羊群强制实施紧急免疫接种，防止疫病扩散。紧急接种应使用免疫血清，但因其用量大、价格高、免疫期短，现在主要使用疫苗。

(3)临时免疫接种　指临时为避免发生某些传染病而进行的免疫接种。为了防疫需要，在引进、外调、运输羊只时，为避免途中或到达目的地后暴发某些传染病，要进行临时免疫接种。

3. 人工主动免疫和人工被动免疫

(1)人工主动免疫　将抗原接种于动物体内，使之产生免疫力，又称为人工自动免疫。通常给羊接种疫苗，刺激机体免疫系统发生应答反应，产生特异性免疫力。这种免疫需要一定的诱导期，如病毒抗原需3～4天，细菌抗原需5～7天，毒素抗原需2～3周。人工主动免疫产生的免疫力持续时间长，免疫期可达数月甚至数年，有些疫苗免疫后还可产生终生免疫。这种方法安全有效，是预防传染病的重要手段，通常所说的预防接种主要指人工主动免疫。

(2)人工被动免疫　将含有特异性抗体的免疫血清或细胞因子等制剂人工注入动物体内，使之迅速获得特异性免疫力。其特点是产生作用快，输入后立即发生作用。但由于该免疫力不是由羊自身免疫系统产生，易被清除，故免疫作用维持时间较短，一般只有2～3周。主要用于羊传染病的治疗和紧急预防，在有疫情时使用，而且必须早期应用。

二、免疫接种的方法

羊的免疫接种方法有群体免疫和个体免疫。前者包括饮水、混饲和气雾免疫等，这类方法省时省工，但有时免疫效果参差不齐，特别是在羔羊更为突出；后者包括滴鼻、注射免疫等，其免疫效果确实，但费时费力，劳动强度大。每种疫苗有其最佳的接种途径，通常弱毒苗多采用口服、滴鼻和气雾等方式接种，灭活苗、免疫血清以注射为主。一种疫苗有多种接种方法时，应根据具体情况而定，既要考虑工作方便，更要考虑疫苗的特性及免疫效果。

（一）经口免疫

经口免疫有饮水和混饲两种方法。饮水免疫是将疫苗或稀释的疫苗通过饮水输入羊体内使之获得免疫力的方法。混饲免疫又称口服免疫，是将疫苗或拌入疫苗的饲料喂给羊使之获得免疫的方法。经口免疫常用于集约化养羊场，适于大群羊的免疫，免疫时需注意：稀释疫苗应用清洁水，禁用漂白粉消毒的自来水；根据羊只的数量计算饮水量或采食量，保证每一个体都能获得适量的饮水或饲料以得到充分免疫。

（二）注射免疫

注射免疫是将疫苗通过肌肉、皮下、皮内、静脉等途径注入羊体内，使之获得免疫力的方法。根据注射部位不同，有以下五种方法。

1. 肌内注射 将稀释好的疫苗注射于羊肌肉发达的部位，如颈侧、臀部等。该法剂量准、作用快，抗体水平均匀且较高，适合于小群或需要有坚强免疫力的羊群的接种。

2. 皮下注射 将稀释好的疫苗注入羊颈侧或后肢部的皮下疏松组织。大部分疫苗和免疫血清可采用这种方法，操作简便，吸收较皮内接种为快。

3. 皮内注射 将稀释好的疫苗注入羊的颈侧、尾根或肩胛中央部皮内。少数疫苗（如羊痘弱毒疫苗）和诊断液（如结核菌素）可采用皮内注射，用药少，但操作麻烦。

4. 静脉注射 免疫血清除了采用皮下和肌内注射外，也可经羊的颈静脉注射，特别在紧急治疗传染病时常用静脉接种。

5. 口腔注射 将稀释好的疫苗注入羊口腔黏膜内，主要用于羊口疮弱毒疫苗的接种。

(三)滴鼻免疫

滴鼻免疫是将疫苗或其稀释液滴入羊的鼻腔,使之获得免疫力的方法。疫苗通过鼻腔、口腔、咽、喉和气管黏膜等的接触而进入体内,产生的免疫力整齐、均匀,疫苗用量较少,能产生良好的局部免疫反应,特别适合于早期免疫。布鲁氏菌病活疫苗(M5)常用本法接种。

(四)气雾免疫

气雾免疫是将疫苗或稀释的疫苗用气雾发生装置喷散成气溶胶或气雾,使羊吸入而获得免疫力的方法。疫苗通过气雾发生器喷射出,能形成1～10微米的雾化粒子均匀地悬浮在空气中,羊能将雾化的疫苗吸入呼吸道深部,即可获得免疫力。气雾免疫不但省力,而且对呼吸道亲嗜性疫苗特别有效,适用于布鲁氏菌病活疫苗(M5)、绵羊大肠埃希氏菌病活疫苗等的接种。

三、免疫接种制剂

(一)疫苗、免疫血清的概念和分类

1. 疫苗　指用病原微生物、寄生虫或其组分、代谢产物经加工制成的或用合成肽、基因工程方法制成的用于人工主动免疫的生物制品。根据研制和生产方法不同分为传统疫苗和新型疫苗。

(1)*传统疫苗*　传统疫苗是采用病原微生物及其代谢产物,经过人工减毒、脱毒、灭活等方法制成的疫苗,又称常规疫苗。根据生产处理技术不同可分为灭活疫苗、活疫苗、类毒素三大类。

①灭活疫苗:是选择毒力强、免疫原性好的毒株大量繁殖后,采用物理或化学方法(如甲醛灭活)使其失活,但仍保留免疫原性

而制成的疫苗，又称为死疫苗、灭活苗。灭活疫苗安全，易保存，保存时间较长，但疫苗进入机体后，不能生长繁殖，对动物刺激时间短，产生免疫力不高，效果比弱毒疫苗差。为了使动物机体获得较高而持久的免疫力，需多次重复注射，且接种量大，成本较高，局部和全身反应比较明显。为减少注射次数，将不同种类的灭活疫苗适当混合，组成多联苗（混合苗），接种动物后能产生对相应疾病的免疫保护，可以达到一针防多病的目的。

②弱毒疫苗：是将筛选的无毒或弱毒但免疫原性很高的微生物培养繁殖后制成的疫苗，又称为弱毒苗、活疫苗。与灭活疫苗比，弱毒疫苗具有成本低、接种量小、接种次数少、免疫效果较好、维持时间较长等优点。虽然弱毒疫苗没有强毒株的致病作用，但仍可在动物体内自然继代，毒力会逐渐增强，所以在防疫过程中应严防扩散。

③类毒素：是将细菌产生的外毒素加入甲醛处理后，使其毒性减弱或无毒而保留其免疫原性的制剂，如破伤风类毒素。可以直接做疫苗注射，也可反复注射免疫马匹，以制备抗毒素血清。

另外，根据组合不同可将疫苗分为单价苗与多价苗。单价疫苗是利用同一种微生物菌（毒）株或一种微生物中的单一血清型菌（毒）株的增殖培养物所制备的疫苗，这种疫苗对相应的单一血清型微生物所致的传染病有良好的免疫保护效能。多价疫苗指用同种微生物中若干血清型菌（毒）株的增殖培养物制备的疫苗，这种疫苗能使免疫动物获得完全的保护，如口蹄疫O型、亚洲Ⅰ型二价灭活疫苗。根据来源不同，疫苗又可分为同源苗与异源苗。同源疫苗是利用同种、同型或同源微生物制备的，而又应用于同种类动物免疫预防的疫苗。异源疫苗是利用不同种微生物菌（毒）株制备的疫苗，接种后能使其获得对疫苗中不含有的病原体产生抵抗力，如羊接种猪型布鲁氏菌病弱毒苗后，能使羊获得牛型和羊型布鲁氏菌病的免疫力。

(2)新型疫苗 新型疫苗是指应用基因工程技术和生物化学合成技术生产的疫苗,如亚单位疫苗、合成肽疫苗、基因缺失疫苗、核酸疫苗及抗独特型抗体疫苗等。传统疫苗受制作工艺的限制,其保存、使用和接种副反应等方面易出现一些问题。随着免疫学的迅速发展及分子生物学研究的不断进步,应用DNA重组、肽合成、内影像抗体和纯化亚单位等技术,研制开发的新型兽用疫苗不断投放市场,逐渐代替目前常用的传统疫苗。

2. 免疫血清 是由特定的病原微生物或类毒素、毒素以及亚单位成分免疫动物,采血制备的含有抗体的血清制剂,包括抗血清和抗毒素两类。抗血清是指用细菌或病毒为抗原免疫动物所制备的免疫血清,如抗狂犬病血清、抗炭疽血清等。抗毒素是用细菌类毒素或外毒素免疫动物所制取的免疫血清,又称为抗毒血清,如破伤风抗毒素。免疫血清可用同种动物或异种动物制备,前者称为同种血清,后者称为异种血清。抗病毒血清多用同种动物制备,血清的产量比较有限,但免疫后不引起排斥反应,且免疫期较长,通常在2周左右。抗菌血清和抗毒素血清多为异种血清,通常用马、牛等大动物制备,如用马制备破伤风抗毒素。

抗血清或抗毒素含有大量抗体,进入羊体后,可使机体获得免疫力。在已发生某种传染病或受其威胁的地区,可用抗血清做紧急预防注射,但由于其抗病力维持时间很短,因此在注射免疫血清1～2周后,应再注射1次疫苗或类毒素,可以获得较长时间的免疫力。免疫血清除做紧急预防外,还可用于治疗特异性传染病,尤其是目前对病毒病的治疗尚缺乏特效药物,在某些病毒病的早期或潜伏期,可考虑用抗病毒血清治疗,使用时注意超敏反应。

(二)羊病防疫常用的疫苗和免疫血清

目前,在羊传染病预防中,常用疫苗和免疫血清的种类、用途、用法与用量见表3-1。

表 3-1　羊主要传染病防治常用疫苗和免疫血清

病　名	疫苗、免疫血清名称	用　途	用法与用量(每只)	免疫期(月)
口蹄疫	牛口蹄疫O型灭活疫苗	预防羊O型口蹄疫	肌内注射,1岁以上羊1毫升;1岁以下羊0.5毫升	6
	口蹄疫O型鼠化弱毒活疫	预防4月龄以上羊O型口蹄疫	皮下注射1毫升	6～8
	口蹄疫O型、亚洲Ⅰ型二价灭活疫苗	预防羊O型和亚洲Ⅰ型口蹄疫	后肢肌内注射,成年羊1毫升,羔羊0.5毫升	6
	牛口蹄疫O型、A型二价灭活疫苗	预防羊O型、A型口蹄疫	肌内注射,1岁以上羊1毫升,1岁以下羊0.5毫升	6
羊梭菌病	羊梭菌病多联灭活疫苗	预防羊快疫、羔羊痢疾、羊猝狙、羊肠毒血症和羊黑疫	皮下或肌内注射5毫升	6～12
	羊梭菌病多联干粉灭活疫苗	预防羊快疫、羔羊痢疾、羊猝狙、羊肠毒血症、羊黑疫、肉毒中毒症和破伤风	肌内或皮下注射1毫升	12
	抗羔羊痢疾血清	预防及早期治疗羔羊痢疾	在流行区,1～5日龄羔羊皮下或肌内注射1毫升;病羔静脉或肌内注射3～5毫升	
肉毒梭菌中毒症	肉毒梭菌中毒症C型灭活疫苗	预防绵羊的C型肉毒梭菌中毒	皮下注射,常规苗绵羊4毫升,透析苗绵羊1毫升	绵羊12

续表 3-1

病 名	疫苗、免疫血清名称	用 途	用法与用量(每只)	免疫期(月)
羊大肠杆菌病(大肠埃希氏菌病)	羊大肠埃希氏菌病灭活疫苗	预防绵羊、山羊大肠杆菌病	皮下注射,3月龄以上羊2毫升,3月龄以下羊0.5～1毫升	5
	绵羊大肠埃希氏菌病活疫苗	预防绵羊大肠杆菌病	皮下注射1头份(含10万个活菌),室内气雾免疫用10个注射剂量,露天气雾免疫用3 000个注射剂量	6
羊 痘	山羊痘活疫苗	预防山羊痘和绵羊痘	尾根内侧或股内侧皮内注射0.5毫升	12
	绵羊痘活疫苗	预防绵羊痘	用法和用量同山羊痘活疫苗	12
羊支原体肺炎性肺炎	羊支原体肺炎灭活疫苗	预防羊支原体性肺炎	颈部皮下注射,成年羊5毫升,6月龄以下羔羊3毫升	18
炭 疽	Ⅱ号炭疽芽孢苗	预防羊炭疽	皮下注射1毫升,或皮内注射0.2毫升	山羊6,绵羊12
	无荚膜炭疽芽孢疫苗	预防绵羊炭疽	颈部皮下或后腿内侧皮下注射,绵羊0.5毫升	绵羊12
	山羊炭疽疫苗	预防山羊炭疽	颈部皮下注射,6月龄以上山羊2毫升	6
	抗炭疽血清	治疗或预防羊炭疽	预防,皮下注射16～20毫升;治疗,静脉注射50～120毫升,可增量或重复注射	10～14日

续表 3-1

病　名	疫苗、免疫血清名称	用　途	用法与用量(每只)	免疫期(月)
羊链球菌病	羊链球菌病灭活疫苗	预防羊链球菌病	皮下注射5毫升	6
羊链球菌病	羊链球菌病活疫苗	预防羊链球菌病	尾根皮下注射，6月龄以上羊1毫升	12
布鲁氏菌病	布鲁氏菌病活疫苗(M5)	预防山羊、绵羊布鲁氏菌病	皮下注射10亿个活菌，滴鼻10亿个活菌，室内气雾10亿个活菌，室外气雾50亿个活菌，口服250亿个活菌	24
布鲁氏菌病	布鲁氏菌病活疫苗(S2)	预防山羊、绵羊布鲁氏菌病	口服100亿个活菌，间隔一个月，再服用一次；皮下或肌内注射，山羊25亿个活菌，绵羊50亿个活菌	36
羊口疮	羊口疮弱毒疫苗	预防羊口疮	口腔黏膜内注射0.2毫升	6
气肿疽	气肿疽灭活疫苗	预防羊气肿疽	皮下注射1毫升	6
羊衣原体病	羊衣原体病灭活疫苗	预防羊衣原体病	皮下注射3毫升	6
破伤风	破伤风类毒素	预防羊破伤风	皮下注射0.5毫升	12
破伤风	破伤风抗毒素	预防和治疗羊破伤风	皮下、肌内或静脉注射，预防1200～3000单位，治疗5000～20000个单位	2～3周

续表 3-1

病　名	疫苗、免疫血清名称	用　途	用法与用量(每只)	免疫期(月)
狂犬病	狂犬病灭活疫苗	预防羊狂犬病	皮下或肌内注射10～25毫升	6
伪狂犬病	伪狂犬病活疫苗	预防绵羊伪狂犬病	肌内注射,4月龄以上绵羊1毫升	12
	伪狂犬病灭活疫苗	预防山羊伪狂犬病	颈部皮下注射,山羊5毫升	6

注:疫苗的性状、使用方法、使用注意事项和贮藏方法详见产品说明书

四、免疫程序

免疫程序的含义有两种,从广义上讲是指某种动物需要接种疫苗的种类,以及接种的先后次序、日程及要求;从狭义上讲是指某种疫苗的初次免疫月龄、年龄,针次间隔和加强免疫的时间。一般所讲的免疫程序是指广义上的免疫程序,每种疫苗的免疫程序详见产品说明书。羊的传染病较多,可以预防这些传染病的疫苗不尽相同,免疫期长短也不一。因此,往往需接种多种疫苗进行预防。羊群必须免疫接种预防的传染病有口蹄疫、羊梭菌性疾病等,根据疫情选择免疫预防的传染病有炭疽、羊支原体性肺炎、链球菌病、大肠杆菌病、布鲁氏菌病、羊痘、羊口疮、羊衣原体病、气肿疽、伪狂犬病、破伤风等。一般情况下,羊每年免疫接种 2 次,分别在春季(3 月份)和秋季(9 月份)进行,具体程序可参考表 3-2。由于我国南北方气候差别较大,各地疫病流行的种类和菌(毒)株有所不同,具体实施过程中必须因地、因时修订,所用疫苗和接种时间可适当调整,具体的免疫时间还应在当地动物疫病预防控制部门的指导下,根据生产需要和产生免疫力的时间确定。

表 3-2　羊群一年的免疫程序

免疫时间		免疫羊群	疫苗名称	预防疾病
春季	妊娠母羊产前 1 个月	妊娠羊	破伤风类毒素	破伤风
	2 月下旬～3 月上旬	成年羊	羊梭菌病三联苗或五联苗	羊快疫、羊肠毒血症、羊猝殂、羔羊痢疾（五联苗还可预防羊黑疫）
	羊妊娠前或妊娠后 1 个月	母　羊	羊衣原体病灭活疫苗	羊衣原体病
	2～4 月份	全部羊	山羊痘活疫苗	羊　痘
	3 月份	全部羊	羊口疮弱毒疫苗	羊口疮
	3～4 月份	全部羊	羊链球菌病灭活疫苗	羊链球菌病
	3 月上旬	全部羊（母羊产后 1 个月）	牛口蹄疫灭活疫苗	口蹄疫
秋季	羊妊娠前或妊娠后 1 个月	母羊	羊衣原体病灭活疫苗	羊衣原体病
	9 月份	全部羊（母羊配种前）	牛口蹄疫灭活疫苗	口蹄疫
	9 月下旬	全部羊	羊梭菌病三联苗或五联苗	羊快疫、羊肠毒血症、羊猝殂、羔羊痢疾（五联苗还可预防羊黑疫）
	9 月份	全部羊	羊口疮弱毒疫苗	羊口疮
	9 月份	全部羊	羊链球菌病灭活疫苗	羊链球菌病

五、疫苗接种时的注意事项

(一)做好接种前的准备工作

认真检查羊群的健康状况,凡病、弱、妊娠后期的羊不宜接种;仔细检查说明书与瓶签,对于有发霉、变色、破损、无标签、标签与说明书不符、过期疫苗或未在规定条件下保存者,均不能使用;严格清洗和消毒注射器、针头、镊子、滴管、稀释用的瓶子等器具;备有足够的碘酊棉球、稀释液、免疫记录本以及抗过敏药物;对需要检测疫苗效价的,应采取相应的方法测定。

(二)正确使用疫苗

冬季注苗,应做好防护措施,严防疫苗冻结;秋季接种,应在早晚进行,尽量避免日光照射;液体疫苗使用前充分摇匀,冻干苗按说明书的规定加稀释液后充分振摇混匀后方可使用;按照生产厂家推荐的用法、用量、接种方法使用疫苗,不可随意加大剂量,避免免疫麻痹,也不能随意将多种疫苗混合使用;注射过程应严格消毒,吸药前先除去封口的胶蜡,用75%乙醇棉球擦净消毒,注射部位剪毛后用碘酊消毒;1只羊使用1个针头或接种器,不得用同一注射器混用多种疫苗;接种过程注意卫生操作,防止污染;饮水免疫时,忌用对微生物活性有危害的容器做饮水器;疫苗开启和稀释后应在规定时间内用完。

(三)加强管理

接种疫苗的用具、瓶、盒、包装物及剩余的疫苗集中做无害化处理,不得乱丢,防止污染环境。必须加强羊群接种前后的饲养管理,避免应激反应。同时,还需采取消毒、清洁、隔离等措施,尽可能减少羊只与病原体的接触机会。免疫接种前后慎用各种药物，禁用免疫抑制剂，接种活疫苗前1周和接种后10天内不得使用抗微生物药物。接种后，注意对羊只进行观察，若有变态反应，立即用肾上腺素等药物脱敏。做好个人防护工作，工作服要完备整齐。在使用疫苗过程中，发现产品质量问题，必须及时向同级或上级畜牧兽医行政部门或动物疾病控制机构报告，并保存同批产品备查。

思考题

1. 解释下列概念：免疫接种，计划免疫，强制免疫，预防免疫接种，紧急免疫接种，人工主动免疫，人工被动免疫，疫苗，弱毒疫苗，灭活疫苗，类毒素，多价苗，新型疫苗，免疫血清，抗血清，抗毒素，混饲免疫，饮水免疫，注射免疫，气雾免疫，免疫程序。

2. 疫苗贮藏和运输中应注意哪些事项？

3. 羊常用免疫接种方法有哪些？

4. 免疫接种时应注意哪些事项？

5. 羊常用疫苗有哪些？

6. 每年春秋季应对羊群接种哪些疫苗？

第四章　一般诊疗技术

羊防疫员应随时注意观察羊群的健康状况，并及时将发现的情况报告给专业兽医人员；必须熟练掌握羊的保定方法、给药方法以及血液、粪便等检验样品的采集方法，疾病的一般治疗方法和简单的外科手术技术。

一、疾病诊断

（一）临床诊断

临床诊断是指通过现场观察和检查，对病例的病情和病性进行判断。通常根据病羊的异常状态（即症状）进行判定。在羊数量较多、不能逐一进行检查时，常先做群体检查，通过静态、动态和饮食状态观察，注意羊的精神、运动和饮食状态。凡表现掉队离群、反应迟钝、呼吸困难、咳喘呻吟、跛行、转圈、共济失调、拒食不饮、反刍困难、腹泻的羊只，将其剔出，并逐只进行详细检查，以初步判断羊只健康状况。在临床诊断中，最常用的手段是问诊、视诊、触诊、嗅诊，必要时进行听诊和叩诊。检查时，可视病状单一使用或综合使用这些方法，仔细观察病羊的临床症状，分析病因，寻找线索，对于一些具有特征性临床症状的典型病例如破伤风、羊痘、蓝舌病、脑包虫病等，经过仔细的临床检查，一般不难做出诊断。

1. 问诊　通过询问畜主或饲养员，了解羊群饲养管理情况，既往病史，发病时间、头数、年龄、性别，发病后的异常表现、治疗情况，死亡头数，免疫接种情况等，为疫病诊断提供可靠依据。

2. 视诊　用眼睛观察羊的精神状态和各种异常变化。先远距离观察羊的采食和运动情况，然后站在羊的左前方近距离观察羊的精神外貌、营养状况、姿态等，继而靠近羊仔细观察被毛、皮肤、可视黏膜、鼻镜、结膜、饮食状态、呼吸、排泄物等。

(1)精神和膘情　健康羊只反应敏捷，病羊精神不振、委靡。通常发生急性炭疽、羊快疫、羊黑疫、羊猝殂、羊肠毒血症等时，羊仍可表现肥壮；而患有慢性传染病和寄生虫病时，羊多瘦弱。

(2)被毛和皮肤　注意被毛状况，皮肤有无疹块、水肿、炎性肿胀和外伤等。健康羊的被毛平整，不易脱落，富有光泽；病羊的被毛粗乱、蓬松、质脆、无光泽、易脱落。感染螨病后被毛脱落和结痂，皮肤变厚、变硬，出现蹭痒和擦伤情况。绵羊痘多发于皮肤无毛或少毛部位，山羊痘多发生在乳房皮肤或乳头上。寄生虫感染严重时，羊的颌下、胸前等部位出现水肿。

(3)姿势和步态　健康羊的眼睛炯炯有神，奔走速度相等，步伐活泼稳定；病羊举动异常，落群、行动不稳、呆立或卧地。羊感染某些疫病还呈现特殊姿势，如破伤风表现为四肢僵直，患有脑包虫病或鼻蝇病时转圈，脑炎和脑膜炎时盲目运动、意识紊乱，四肢肌肉、关节或蹄部发生疾病时出现跛行。

(4)可视黏膜　健康羊可视黏膜呈粉红色，湿润光滑。若黏膜潮红，多有发热、炎症。黏膜发绀是严重缺氧的征兆，多因严重中毒或传染病所致，或见于某些疾病的垂危期。黏膜苍白，多为贫血。黏膜发黄，多为肝炎、梨形虫病、肝片吸虫病等肝脏疾患。

(5)鼻镜和口腔　注意观察羊鼻镜的干湿程度，口腔黏膜和齿龈、舌头的色泽和状态，有无结节、水疱、溃疡等。健康羊鼻镜湿润；病羊则表现鼻镜干燥甚至干裂，鼻孔流出分泌物，有时鼻孔周围污染脏土杂物。健康羊的口腔黏膜呈淡红色、无舌苔。有病时口腔黏膜潮红、发绀，有舌苔。如感染口蹄疫、羊口疮时，口腔黏膜、齿龈和舌常有病理变化。

(6)采食和饮水　食欲的好坏反映出羊全身及消化系统的健

康状况。健康羊争相采食，饲喂后半小时开始出现反刍，每次反刍持续 30～40 分钟，每个食团咀嚼 50～70 次，每昼夜反刍 6～8 次。若羊采食、反刍异常或饮食废绝说明病情严重。

(7)呼吸　观察羊的呼吸次数、节律、方式。健康羊每分钟呼吸 10～20 次，呈平稳的胸、腹式呼吸。羊发病后，尤其是肺部感染时，呼吸急促、次数增加，呈明显的腹式呼吸且表现呼吸困难，甚至窒息而死亡。

(8)排泄物　观察羊排粪、排尿的次数和动作，排泄物的色泽、硬度、气味，注意有无腹泻、便秘、便血、尿血，粪便中有无寄生虫或其节片。正常羊的粪便呈灰黑色小球形，软硬适中。

3. 嗅诊　用鼻子嗅闻羊的呼出气、排泄物、分泌物等的气味是否正常。通过嗅诊能检查出不少病症，如肺坏疽或腐败性支气管炎，呼出的气体有腐败臭味。

4. 触诊　用手指或指尖感触被检查的部位，并加压力，感知被检查的局部组织器官的硬度、温度、压痛、移动性和表现状态。触诊有轻触和重触两种，轻触时将手轻放在羊体表，检查体表的温度、湿度和肌肉弹性；重触是加一定的压力向羊体内触摸，检查深部组织。

(1)体温　用手摸羊耳或插进羊口腔内握住舌头，检查羊是否发热。

(2)脉搏　用手指摸后肢股内侧动脉，检查脉搏，注意每分钟跳动次数和强弱等。羊的正常脉搏数为每分钟 70～80 次。

(3)体表淋巴结　触摸羊体表淋巴结的大小、形状、硬度、温度、压痛和活动性。当羊发生结核病、伪结核病、链球菌病时，体表淋巴结往往肿大，硬度、温度、敏感性和活动性等会发生变化。

5. 听诊　用听觉判断羊体内正常的和有病的声音。听诊时，应把病羊牵到安静的地方，用耳朵直接听羊的叫声和咳嗽声。病羊常发出各种异常的声音，如咳嗽、呻吟、发吭、磨牙等。也可借助听诊器听心音、呼吸音、胃肠蠕动音。

(1)心脏　心音增强,见于热性病的初期;心音减弱,见于心脏功能障碍的后期或患有渗出性胸膜炎、心包炎;其他杂音,多为瓣膜疾病、创伤性心包炎、胸膜炎等。

(2)肺脏　肺泡呼吸音过强,多为支气管炎、黏膜肿胀等;过弱,多为肺泡肿胀、气肿、渗出性胸膜炎等。在肺部听到支气管呼吸音,多为肺炎的肝变期,如羊支原体肺炎。干啰音多见于慢性支气管炎、慢性肺气肿、肺结核等;湿啰音多见于肺水肿、肺充血、肺出血、慢性肺炎等。

(3)胃肠　羊发生前胃弛缓或发热性疾病时,瘤胃蠕动音减弱甚至消失。肠炎初期,肠音亢进;便秘时,肠音消失。

6. 叩诊　用手指或叩诊槌来叩打羊体表部分,借助所发声音来判断体内的病理变化,或叩诊心、肺、胃、肠、肝区的音响、位置和界限以及胸、腹部的敏感程度,以便发现异常病状。叩诊法有手指叩诊和槌板叩诊两种,叩诊的音响有清音、浊音、半浊音、鼓音。叩诊健康羊,胸廓发出持续、高而清的声音。当羊胸腔积聚大量渗出液时,叩打胸壁出现水平浊音;羊患支气管肺炎时,肺泡含气量减少,叩诊呈半浊音;若瘤胃臌气,则为鼓音。

7. 测量体温　将体温计的水银柱甩至35℃以下,外表涂抹液状石蜡,然后缓缓插入羊肛门,5分钟后取出观察,并记录度数。羊的正常体温为38℃～40℃。体温升高,多数为病理性因素,特别是传染病(如炭疽、羊链球菌病等)所致,少数为生理性或物理性因素导致。

(二)病理学诊断

病理学诊断是指用病理学方法对疾病或病变做出诊断。羊只感染疫病(尤其是传染病)死亡后多呈现一定的病理变化,可作为诊断的依据。如羊发生羊痘、羊口疮、蓝舌病等时,都具有特征性的病理变化，有很大的诊断价值。通常对羊尸体进行外观、解剖和组织学检查，以发现病理学变化或检出寄生虫。病理剖检要抓住特征性病变，才能归纳出正确的病理学诊断，同时要结合临床症状、发病情况、流行特点进行病史调查，以全面认识疾病发生、发展的全过程，掌握其发病规律，才可做出正确结论。对不典型病变或疑似病例，有必要进行实验室检验，查清病原，才能予以确诊。

1. 外观检查　剖检前先对外观进行仔细检查，注意尸体是否腐败或膨胀，被毛和营养状况，皮肤有无水疱、脓疱、出血、肿胀、痂皮等；再检查天然孔有无分泌物流出，分泌物的颜色、性状如何，数量多少等；还要个别检查可视黏膜的色泽，是否有充血、淤血、出血、贫血等病变；观察肛门周围的被毛有无粪便污染，粪便颜色、气味；关节、腿、蹄有无肿胀、扭曲、粗大、变形或其他异常。

2. 病理剖检　如怀疑炭疽时，严禁剖检。尸体剖检时，先剥去胸腹部皮肤，以无菌器械将腹腔、胸腔打开。检查皮肤、皮下组织、肌肉以及胸腹膜、胃、肠、肝、脾、肾、心脏、淋巴结等组织器官的色泽、大小、形态、质地等是否正常，有无充血、出血、水肿、渗出、坏死、增生、钙化、脓肿等病理变化或寄生虫。此外，剖检也是确诊寄生虫感染最确实的方法，可以确定寄生虫种类、感染强度，明确寄生虫对宿主危害的严重程度，尤其适用于对群体寄生虫病的诊断。

3. 病理组织学检查　除肉眼检查外，对有些疾病需取材进行病理组织学检查。有些疫病还需取特定的组织器官，如疑为狂犬病时应取大脑海马角组织进行包涵体检查，以便确诊。

二、样品的采集

样品是指取自羊体、拟通过检验反映羊的个体、群体有关状况的材料。根据检验方法不同，样品有病原学鉴定样品、血清学检验样品、病理组织学检查样品。

(一)样品采集原则

1. 适时采样 根据检验要求、检疫对象和检验项目的不同，选择适当采样时机，病料力求新鲜。有临床症状需要做病原分离鉴定的，样品必须在发病初期采集。因传染病死亡的羊，应立即采样；对濒死期的羊，可扑杀采样。

2. 合理取材 按疫病和检验项目不同，采取适宜的样品。通常根据所怀疑病的类型和特征来决定采取哪些器官或组织病料。尚不能确定为何种疫病时，则应全面采样，或根据临诊症状和病理变化有所侧重。当多数羊发病时，应先选择症状和病变典型、未经治疗的病例采集样品。如有混合感染，还应兼顾采样。羔羊体格较小，可选取有代表性的病例整个活体或尸体送检。

3. 无菌采样 供病原学及血清学检验的样品，必须无菌操作采样，所用器械及器皿均须经灭菌处理。进行尸体剖检同时需采集样品，则先采样，后检查，以免污染样品。

4. 适量采样 采集样品的数量要满足检验的需要，且留有余地，以备必要时复检使用。

5. 安全采样 有些样品属于病料，即来自病羊或疑似病羊的被(待)检材料。因此，采样过程中须做好采样人员的安全防护，并防止病原污染环境或造成扩散，避免发生疫情。

6. 翔实记录 采样时应做好现场记录，规范填写样品采(送)样单，注明羊的月(周)龄、种类、品种、免疫情况，样品名称和数量，采样时间、地点，采样人。

7. 加贴标签 样本容器外应贴有标签。标明样品的名称、羊的种类和品种、采样地点、时间、可疑疾病等。标签外应涂抹薄层石蜡，防止标签脱落或被浸湿。

(二)样品采集方法

1. 血液　血液样品主要用于疫情监测、免疫效果监测、血常规检验、其他血液指标分析或做病原学诊断。采血人员由 2 人以上组成，需经过专业培训，熟练掌握血样采集技术，采血动作要娴熟、轻柔，力求一针见血，严格遵循无菌操作。防疫员进行现场采样时，必须严格遵守有关消毒防疫规定，穿戴防护服并换鞋后方可进入现场。采血场所应清洁卫生，光线良好，温度适宜，夏季为25℃～28℃，冬季为 15℃～20℃(防止血样冻结)。根据检验目的不同，血液样品可从静脉、动脉或毛细血管采集。用血量较少的检验，如制作血液涂片等，可刺破组织取毛细血管血；需血量较多时，一般从静脉采血。

(1)静脉采血　羊采血部位通常在颈静脉，也可从前后肢皮下静脉取血。颈静脉粗大，容易抽取，而且采血量较多。采血时将羊侧卧保定，捆缚羊蹄，使颈部拉直，头后仰，剪去颈部一侧 6～7 厘米范围的羊毛，用碘酊、乙醇消毒皮肤。左手拇指按压颈静脉沟，使其怒张凸起，右手持注射器或采血器沿着血管平行方向以30°～45°倾斜由头端向心脏方向刺入血管，然后缓缓抽血至所需量。抽血时，只能向外抽，不能向静脉内推，以免空气注入形成气栓，造成严重后果。采血完毕，用乙醇棉球压住针刺处，抽出针头，压迫止血，同时将血液缓慢注入容器(灭菌试管、离心管或三角瓶)中，并防止产生泡沫。若需抗凝全血或血浆，在注射器或试管内需预先加入抗凝剂(肝素或柠檬酸钠等)。采血完毕，将使用过的器材放入回收箱内，不能随意丢弃，防止污染环境。

(2)血液样品制备　根据血样处理方法不同，有全血、血浆和血清样品；依据检验目的和试剂不同，有免疫样品、生化样品、血常规样品、PCR 样品等。

①全血和血浆：全血可用于病毒和细菌学检验。血样应在病

初体温升高或发病期及未经药物治疗期间采集，并应加入抗凝剂（不可加入抗生素），轻轻混匀，防止凝固。样品冷藏，尽快送实验室，或置于4℃条件下暂时保存，但时间不宜过久，以免溶血。血浆是指血液去除有形成分后的液体部分，全血经抗凝处理后，通过离心沉淀，所获得的不含细胞成分的液体即为血浆。

②血清：指血浆去除纤维蛋白后的（胶体性）液体。制作血清样品不加抗凝剂，不得摇晃或振动所采样品，注意防止溶血，待血液凝固后析出的淡黄色澄清液体即为血清。血清主要用于血清学检测，如检测疫苗免疫效果、检疫等。

③血液涂片：主要用于寄生虫学的检验。不同血液寄生虫在血液中出现的时机和部位各不相同，因此需要根据各种血液寄生虫病的特点，取相应时机和部位的血液制成血液涂片送至实验室。

2. 组织 组织样品一般从扑杀、病死或垂死的羊采集，也可从活羊体内采集。根据检验目的和生前疫病的初步诊断，无菌采集不同的组织。

（1）细菌学和病毒学检验样品 无菌操作采样，置于灭菌容器内密封后立即冷藏、送检。细菌学检验样品可以暂时冻结运送，但冻结时间不宜过长。病毒学检验样品如果送检途中时间较长，可做冻结处理。也可以将组织块浸泡在pH值7.4左右的乳汉液或磷酸缓冲肉汤保护液内，并在每毫升保护液中加入青霉素1 000单位、链霉素1 000微克，然后放入冷藏瓶内送实验室。

（2）病理组织学检验样品 应保证新鲜，采取最典型的病变部位。将需要采取的组织切成约0.5厘米厚、1～2厘米大小的组织块，立即浸泡在95%乙醇或10%中性甲醛缓冲固定液内固定。固定液容积应是组织块体积的10倍以上，样品容器密封后送检。

3. 粪便 细菌学或病毒学检验样品，应用灭菌的棉拭子从直肠深处采取粪便，装入灭菌容器内，冷藏后送检。寄生虫学样品应选取新排出的粪便或直接从直肠内采得，以保持虫体、虫体节片和虫卵的固有形态，采得的粪便以冷藏不冻结状态送实验室。

4. 皮肤　皮肤上有丘疹、结节、水疱、脓疱、坏死等病变时，应采集病变皮肤组织，进行病原学鉴定、病理组织学检查和寄生虫学检验。死羊应采集病变部位及其周围正常皮肤；活羊可直接采取病变部位的皮肤。剪取的皮肤样品，供病原学检验时应放入灭菌容器，或加入保护液后冷藏送检；供病理组织学检查时应立即投入固定液内固定；供寄生虫学检验时可放入有盖容器内直接镜检。活羊体表的寄生虫如疥螨、痒螨等，在患病皮肤与健康皮肤交界处，用凸刃小刀，使刀刃与皮肤表面垂直，刮取皮屑，直到皮肤轻度出血，收取皮屑以供检验。

5. 生殖道样品　包括死胎、流产胎儿、胎盘、阴道分泌物、阴道冲洗液、阴茎包皮冲洗液、精液、受精卵等，主要用作病原学检验。流产胎儿及胎盘可按采集组织样品的方法，无菌采集有病变的组织，也可按检验目的采集血液或其他组织。精液以人工采精方法收集。阴道分泌物可用棉拭子从深部取样，亦可将阴茎包皮外周、阴户周围消毒后，以灭菌的缓冲液或汉克氏液冲洗阴道、阴茎包皮，收集冲洗液。所采集的各种样品，供病毒学检验的立即冻结或加入保护液；供细菌学检验的立即冷藏；供病理组织学检查的迅速切成小块投入固定液内固定，迅速送实验室。

6. 分泌液和渗出液　包括眼分泌液、鼻腔分泌液、口腔分泌液、咽喉和食管分泌液、乳汁、尿液、脓汁、生殖道(包括子宫和子宫颈)分泌液、皮下水肿渗出液、胸腔渗出液、腹腔渗出液、关节囊(腔)渗出液等。眼、口腔、鼻腔、阴道分泌液或渗出液，以灭菌棉拭子蘸取。咽喉、食管分泌物，可用食管探子从已扩张的口腔伸入咽喉、食管处反复刮取。乳汁采集时先将乳房、乳头清洗消毒，用手挤取乳汁，弃去初挤出的乳汁，收集后挤出的乳汁。尿液样品可在羊排尿时收集，也可以用导尿管导尿或膀胱穿刺采集。供病原菌检验的脓汁应在药物治疗之前采取。采集已破口的脓灶脓汁，宜用灭菌棉拭子蘸取;未破口的脓灶脓汁,用注射器抽取。皮下水肿液和关节囊(腔)渗出液用注射器从积液处抽取。胸腔渗出液用注射器在右侧第五肋间或左侧第六肋间刺入抽取。采集时必须无菌操作,所采集的各种分泌物或渗出液,立即分别加入已灭菌的玻璃瓶内密封,贴上标签、冷藏,迅速送实验室。

7. 羊主要疫病病原学检验样品 采集病原学鉴定样品时,病羊可取血液、乳汁、脓液、穿刺液、尿液、粪便以及鼻腔、口腔和生殖道分泌物及组织器官渗出液等,死羊可取内脏、淋巴结及其他病变组织等(表 4-1)。

表 4-1 羊主要疫病病原学检验样品

疫病名称	样品种类
口蹄疫	水疱皮、水疱液、食管、咽分泌物、扁桃体
绵羊痘和山羊痘	全血、新鲜病变组织和水疱液、淋巴结
蓝舌病	全血、肝、脾
狂犬病	唾液腺、唾液、脑
伪狂犬病	脑、脊髓液、扁桃体、淋巴结、流产胎儿
痒　病	脑
山羊关节炎-脑炎	关节液、关节软骨、滑膜细胞
梅迪-维斯纳病	全血、唾液、脊髓液
绵羊肺腺瘤病	肺、鼻分泌物
炭　疽	全血(涂片)、脾、耳部皮肤
巴氏杆菌病	全血(涂片)、肝、肺、肾、脾、心包液
布鲁氏菌病	乳汁、流产胎儿、胎盘、精液、关节囊液、病变组织
衣原体病	阴道、子宫分泌物、流产胎儿、粪便、乳汁
梨形虫病	全血(涂片)、肝、肺、肾、脑

(三)样品的包装与送检

1. 样品的包装　盛装样品的容器有试管、玻璃瓶或塑料袋等。容器必须无破损、不漏液体。玻璃容器用前需洗净并经干热或高压蒸汽灭菌;塑料容器先用0.2%苯扎溴铵溶液浸泡消毒,再用灭菌水充分洗净。样品装运前必须逐件与样品送检单、标签进行核对,无误后分类装箱。装入样品后,瓶或试管必须加盖,并用胶布封住瓶顶。若用塑料袋,最好用2层,分别用线扎紧袋口。血液和组织涂片或触片样品可用纸盒包装,每片间应有填充物分开,以免彼此粘连。病毒学样品,数小时内要送到实验室,可只做冷藏处理;超过数小时的样品应冻结处理。细菌学或血清学样品,冷藏送实验室即可。为防止运输过程中玻璃容器互相碰撞而破裂,在装入冷藏箱后,须用填充料充塞容器间的空隙,亦可在容器外用棉花、纱布或其他保护物包裹后装入冰瓶。装样品的容器外应贴上标签,标签要防止因冻结而脱落。标签要标明采集时间、地点、编号和样品名称,并附上发病、死亡等相关资料,尽快送实验室。

2. 样品的送检　样品包装后应立即冷藏,由专人送往指定兽医检验室。延长送检时间或保藏不当,常使样品变质而影响病原体的分离或血清学检测结果的准确性。因此,应根据样品性质、种类和送检路途的远近,分别对样品予以不同温度的冷藏。凡不能冻结的样品(如血液、粪便、尿液、脓汁、乳汁等)以及24小时内能送至实验室的各种组织,可置于冷藏瓶内送检。凡不能在24小时内送抵实验室的样品,尤其是病毒性病料必须在冷冻状态(置于干冰或液氮瓶内)输送。运输过程中严防样品的损失、混淆和污染。

3. 送检单的填写　认真填写送检单的各项内容,在送检样品时,必须附上,以供实验室检验人员拟定检查方案时参考和备查。

三、保定方法

在给羊进行预防接种、采血、安全用药、疾病诊疗等操作时，需对羊进行适当保定，方法有机械保定和化学保定两种，若实施大手术，需将这两种方法结合使用，即先肌内注射少量化学保定药，使羊只处于肌肉松弛或半麻醉的状态，然后将其置于保定器内保定，或再使用全身麻醉剂。

（一）机械保定法

羊体格小，性情温驯，常采用机械法保定。抓羊应抓其腰背处皮毛，不可直接抓腿，以防扭伤羊腿；不可将羊按倒在地使其翻身，因羊肠细而长，这样易造成肠套叠或肠扭转而引起死亡。羊被抓后，即可实施保定。做一般检查时，用两臂在羊的胸前和股后围抱即可固定。必要时，用手握住两角或两耳，固定头部。也可用两膝夹住羊颈部进行固定。也可采取下述两类方法，在实施大手术时用保定架保定或置于手术台上。

1. 站立保定　在羊站立状态下将其保定。

（1）骑跨保定　保定人员骑跨羊背，以大腿内侧夹持羊的两侧胸壁，两手紧握两角，或一手抓住角或耳，另一手托住下颌即可保定。若使羊的股部抵在墙角，保定则会更牢固。如果对羊臀部施术时，保定者可面向羊尾，骑在羊背上，两手握两侧膝囊皱皮，或提起后躯，两腿夹紧其胸腹侧即可保定。

（2）倒提保定　保定小羊时，可握两后肢将其提起，使羊头朝下，将羊的颈部夹在保定者两腿之间。

（3）后肢保定　保定人员把羊后腿提起倒立，用两腿夹住羊的体躯将其固定。

2. 侧卧保定　保定者俯身从羊的对侧一手抓住两前肢系部，

或抓一前肢臂部，另一手抓住腹肋部膝襞处扳倒羊，然后抓两后肢系部，前后一起按住即可。或放倒羊后，一手抓住两前肢系部，另一手握两后肢系部，使四肢屈曲在腹侧。

（二）化学保定法

化学保定法是通过注射器或麻醉枪将化学保定药或麻醉药注入羊体内，使其肌肉松弛或麻醉，最后卧倒的保定方法，也称为药物保定法。此法较机械保定法省人、省力、省时，简便易行，也可减少羊的机体损伤和体力消耗，更适用于没有保定设备的个体养羊场。常用的化学保定药有以下几种。

1. 氯琥珀胆碱 肌肉松弛剂，用于动物的化学保定和疾病诊治。氯琥珀胆碱注射液，静脉或肌内注射，羊每次每千克体重0.016～0.02 毫克。

2. 氯胺酮 短效保定药物，主要用于不需肌肉松弛的麻醉、短时间的手术和诊疗处置。盐酸氯胺酮注射液，肌内注射，羊每次每千克体重 20～40 毫克。

3. 静松灵 具有镇静、镇痛、松肌和麻醉等功能。主要用于配合局部或全身麻醉药进行各种手术，使骨骼肌松弛。静松灵注射液，肌内注射，羊每次每千克体重 1～3 毫升。

4. 隆朋 大剂量使用或配合局部麻醉药，用于去角、去势、腹腔手术等。隆朋注射液，肌内注射，羊每次每千克体重0.1～0.2 毫克。

5. 氯化筒箭毒碱 用于羔羊的肌肉松弛药。氯化筒箭毒碱注射液，静脉注射，羔羊每次每千克体重 0.05～0.06 毫克。

四、给药方法

(一)群体给药

群体给药方法包括混饲、饮水、气雾、药浴等,以混饲和药浴最为常用。群体给药前,最好先做小批的药物毒性和药效试验,确定安全、有效后再施药。

1. 混饲给药 将药物均匀拌入饲料中,让羊采食的同时摄入药物。此法简单易行、切实可靠,适用于长期给药或不溶于水、适口性差的药物投入。混饲时应注意:饲料、药物浓度须适宜;药物与饲料必须拌匀;控制羊的采食位置和采食时间;掌握药物配伍禁忌,避免药物合用时的拮抗作用;若药物适口性差,混饲给药时要少添多喂。

2. 饮水给药 将药物溶解于水中,让羊自由饮用的给药方法,亦称为混水给药。该法简便易行,对因病不能采食、但还能饮水的羊,此法尤为适用。混饮时应注意:药液须当天配制;根据羊个体饮水量计算剂量与药液浓度,避免浓度过低没有疗效或浓度过高产生中毒反应;药物须易溶于水,饮用前将药物完全溶解于水中;限时饮用药液,以防药物失效或饮量过多增加毒性;给药前停止饮水半天;给药后用清水将混药器和引水管彻底冲洗干净,以确保用药后重新给羊群供给新鲜的饮水。

3. 气雾给药 利用气雾发生器将药物以气雾剂的形式喷出,让羊吸入后在呼吸道发挥作用,或药物经肺部吸收后进入血液而发挥全身治疗或预防疾病的作用;或者将药液喷雾于皮肤、黏膜表面,发挥保护创面、消毒、局部麻醉、止血等局部作用。该法具有吸收快、作用迅速等特点,主要用于呼吸系统和皮肤疾患的治疗,或做气雾免疫和杀虫之用。气雾给药时应注意:药物应对呼吸道无刺激性；气雾颗粒大小适中，剂量准确，若雾粒过大停留于空气中的时间短，会减少进入呼吸道的机会或进入呼吸道前部后即被滞留，而雾粒过小则易被呼气排出，且气雾在空气中滞留时间过长，羊群应激较大，易引起慢性呼吸道疾病；适当增加羊群的密度；气雾时关闭门窗、排风设备和通风口等，喷完15～20分钟后即可打开门窗和通风设备。

4. 药浴(淋)给药 将药物稀释成一定浓度，浸浴或淋浴羊体以杀灭其体外寄生虫或致病微生物。包括药浴和药淋两种方法，具体选择哪种方法，应根据羊只数量、场内设施和药液种类而定。药浴时应注意：先进行小批量试验观察，如无中毒迹象，再进行大规模药浴(淋)；药物应易溶于水，掌握药液浓度、浸洗的时间；浴前8小时停止喂料，浴前3小时给羊饮足水，以免因口渴误饮药液；先药浴健康羊，后药浴病羊，妊娠2个月以上母羊、当年羔羊以及有外伤的羊不药浴，与病羊接触过的牲畜、牧羊犬也应同时药浴；药浴时让羊的头部露出水面防止窒息、死亡或中毒，但要按压羊头入药液3次，不遗漏头部药浴；药浴人员应做好个人防护；合理处理用过的药液，以免其他牲畜中毒。

5. 喷洒给药 用药液喷洒羊体表以驱除体外寄生虫的方法。

(二)个体给药

因药物剂量和所产生的药理作用存在很大的个体差异，因此理想的给药方案是实施给药个体化，方法有内服、注射、局部给药等。各种方法有其适应证和优缺点，必须根据具体情况而定。一般来说，消化道感染以内服为宜，若严重感染多采用注射给药；凡能局部用药解决问题，应尽量避免全身用药。不同给药途径药物吸收速度依次为：静注＞吸入＞肌注＞皮下＞皮内＞内服。

1. 经口给药 直接把药片或药液放入或滴入羊口腔，使羊吞咽。药物经胃肠吸收作用于全身，或停留在胃肠道发挥作用。适用于不能群饲、又不能注射以及不溶于水的片剂的给药，如肠道抗菌药、驱虫药、制酵药、泻药等。本法具有给药量准确、安全、经济等优点，但费时、费力，药物受胃肠内环境影响大，药效慢，对急症、危重病羊的抢救难以迅速见效。口服给药时应注意：在危重、呕吐、昏迷时不能内服；羊食欲差或拌料给药效果不好、水溶性药物，不宜内服；有些药物易被消化液分解破坏（如青霉素、链霉素、庆大霉素等），不宜口服；饲喂前服用的药物有苦味健胃药、收敛止泻药、胃肠解痉药、肠道抗感染药、利胆药，空腹或半空腹时服用的药物有驱虫药、盐类泻药，而对胃肠刺激性强的药物则应在饲喂后服用；要细致、耐心、认真投药，避免药物呛入羊气管内。

（1）直接投服　片、丸、胶囊制剂，若剂量不大时，用软纸包好，将羊头抬高呈水平状，另一人用手从羊一侧口角插入让羊张嘴，将药包经舌面上方投到舌根处，让其吞咽。若不下咽，可用手指隔着皮肤刺激一下羊的喉头，诱其下咽。

（2）投药器给药　将片剂、粉剂装入投药器内，由口腔插到羊舌根处，推动活塞，药物即由舌根吞咽而进入胃内。

（3）药板给药　用药板将药物送入羊的舌根部。先将药片研碎，加少许温水调成糊状，给药者站在羊的右侧，左手将开口器放入羊口中，右手用药板（竹制或木制，长约 30 厘米、宽 3 厘米、厚 3 毫米，表面光滑无棱角，端部钝圆）的前部刮取药物，从羊右口角伸入口内到达舌根部，将药板翻转，轻轻按压，并向后抽出，把药抹在舌根部，待羊下咽后再抹第二次，如此反复进行，直到把药给完。

（4）灌药瓶给药　用灌药瓶将碾压粉碎并调成糊剂的药物或中药汤剂，由羊的口腔缓慢注入。将药液装入塑料瓶或长颈酒瓶内，略抬高羊头呈水平状，给药者用左手食指和中指自羊右口角伸入口腔内，轻轻压迫舌头，使其口张开。然后，右手将药瓶口从羊左口角齿间隙处伸入口中，并将左手抽出，待瓶口伸到舌中段，即抬高瓶底，将药液灌入，待羊下咽后，再向口腔内灌入第二口。灌药时应注意:羊的嘴角不可高于耳根,以免药液流入呼吸道而发生意外事故;严禁牵拉羊的舌头,以防影响吞咽而造成误咽;每次灌入口腔的药量不可过大;若发现羊咳嗽,立即放低其头部,待恢复正常后再灌药。

2. 注射给药 是将液体药物用注射器注入羊体内的方法。具有剂量准、吸收快、作用可靠、奏效迅速、药物不被消化酶破坏等优点。但操作麻烦,使用的器械和注射部位须严格消毒,注射部位会产生痛感、硬结,甚至坏死。适用于不宜内服药物的给药,对昏迷、休克和不能口服药物的危重羊,是最佳给药方法。常用方法有皮下注射、肌内注射、静脉注射,有时也采用皮内、气管、腹腔、胸腔、鞘内、关节囊、硬膜外注射,以及瘤胃、直肠、子宫、阴道、乳房注入等方法。注射时注意:局部剪毛,用碘酊消毒后,以75%乙醇脱碘;注射器必须筒、栓配套,吻合良好,清洁畅通,并要严格消毒;操作时排除注射器内的空气,熟练掌握注射操作要领;仔细检查注射药品的名称、用途、剂量、性状和有效期等。

(1)皮内注射 将药液注射于羊的表皮与真皮之间,适用于预防接种和局部麻醉的先驱步骤,通常注射部位选择颈部两侧或尾根部。注射方法:注射部位剪毛、消毒,左手食指和拇指绷紧注射部位皮肤,右手持注射器,使针头斜面向上,与皮肤呈5°～15°角刺入表皮与真皮之间,放平注射器,推动针栓,注入药液,使局部呈现圆形隆起,拔出针头。此时切忌按压注射部位。

(2)皮下注射 将药液注入羊的皮下疏松结缔组织中。对于易溶解又无刺激性的药液和疫苗,或希望药物较快吸收、尽快产生药效时,均可皮下注射。但刺激性药物、油类药物和混悬剂不宜做皮下注射。通常选择皮下组织发达的部位,如羊颈部或股内侧、大腿外侧等皮肤较薄、皮下组织疏松而血管较少之处。注射方法:注射部位剪毛、消毒,左手拇指、食指和中指将注射部位皮肤捏起形成一皱褶,右手持注射倾斜器以40°的角度刺入皮肤下方1.5～2

厘米，如针头能左右自由活动，回抽针芯不回血即可缓缓注入药液。注药完毕，将针拔出，消毒注射部位。

(3)肌内注射　将药液注入局部肌肉组织中。一般刺激性小、吸收缓慢的药液均可肌内注射。但刺激性很强的药液，如氯化钙、水合氯醛、浓盐水等，都不能做肌内注射。注射应选在肌肉丰满、无大血管、神经少的部位，如颈侧和臀部。注射方法：将羊保定，注射部位剪毛、消毒，以左手拇指、食指呈“八”字形固定注射部位，右手持注射器垂直刺入肌肉内2～4厘米，左手固定注射器，右手回抽注射器针栓，无回血时，将药液慢慢注入。注射完毕后再次消毒、压迫止血。

(4)静脉注射　将药液注入体表明显的静脉血管内。具有药物迅速分布全身、作用最快、效果可靠等优点，但作用持续时间较短。适用于刺激性强(如氯化钙)、注射剂量大(如生理盐水、葡萄糖溶液等)的药物注射和免疫血清的紧急接种，但油剂(如疫苗类)不能静脉注射。羊注射部位在颈部上1/3与中1/3交界处的颈静脉，具体方法有静脉推注和静脉滴注两种。注射方法：将注射部位剪毛、消毒，左手按压颈静脉靠近心脏一端，阻断血液回流，使其怒张，右手持注射器，将针头与血管呈45°角向心脏方向刺入静脉内，见回血后，将针头继续向血管内推进，然后松开对颈静脉近心端的压迫，用右手推动活塞，缓慢注入药液，注射完毕后，左手持碘酊棉球按住刺入孔，右手拔针。如药液量大，也可用静脉输入器进行静脉滴注，先将配制好的药液装在输液吊瓶架上，排净输液管内的气泡，然后将针头刺入颈静脉，用胶布固定针头，以防针头从血管内移出，调整控制开关即可点滴输液，速度以每分钟40～60滴为宜，输液管用夹子固定在颈部皮肤上。静脉滴注前，要排除注射器、输液管内的空气，注射中要经常观察是否漏针，不要将药液漏到血管外，注射速度要缓慢，注药完毕，拔出针头，用75％乙醇棉球压迫片刻后可松解保定。

(5)气管注射　将药液直接注入气管内,适用于治疗气管、支气管和肺部疾病。注射部位在羊的气管上1/3处软骨环之间。注射方法:将羊侧卧保定,使其头高臀低,颈部处于伸展状态。注射部位剪毛、消毒后,将针头经皮肤穿过气管软骨环之间垂直刺入,摇动针头,若出现落空感,接上注射器回抽,有气泡进入注射器,即可将药液缓慢注入气管内。如欲使药液流入两侧肺中,应注射2次。第二次注射时,将羊翻转,卧于另一侧。注射时应注意:妥善保定好羊头部,用手固定气管,以防羊头颈部活动或咳嗽、摆头挣扎而使针头脱出或折断;注入的药物必须全部溶解,容易吸收、刺激性强的药物禁忌气管内注射,药液加温至38℃后注射;药液用量要小;注射中若羊剧烈咳嗽,应注入2%盐酸普鲁卡因溶液4～8毫升,以降低气管的敏感性。

(6)瘤胃穿刺注射　将药物注入羊的瘤胃。当羊发生瘤胃臌气时,可采用此法放气和给药。穿刺部位在羊左肷窝中央臌气最高的部位。注射方法:局部剪毛,碘酊消毒,将皮肤稍向上移,然后将套管针或普通针头垂直或朝右侧肘头方向刺入皮肤和瘤胃壁,放出气体后,可从套管针孔注入止酵药。拔出套管针后,用碘酊涂搽穿刺孔消毒。

(7)腹腔注射　将药液注入羊的腹腔内。腹腔内可以注入大量药液,吸收速度仅次于静脉注射,适用于治疗腹腔脏器病患,或不适合口服、静脉注射,但又须补充大量营养液的病羊,尤适于抢救危重病例,但刺激性强的药物不宜做腹腔注射。注射部位在左肷部或右肷部。注射方法:保定羊,局部剪毛、消毒,用针头经皮肤垂直刺入,依次穿透腹肌和腹膜,当针头透过腹膜后阻力降低,有落空感,且针头内无气泡、血液、脏器内容物溢出,经针头注入生理盐水无阻力,表明刺入正确。此时连接注射器或输液吊瓶上的输液管接头向腹腔内注入药液。注药完毕,拔出针头,局部消毒后松解保定。注意事项:注入的药液应为等渗液且无刺激性,注入前加温至 37℃～38℃；当膀胱积尿时，应轻轻压迫腹部，强迫排尿，待膀胱排空后再进行腹腔注射；注射中应防止针头退出腹腔外，必要时用胶布粘贴固定针头。

3. 胃管给药 将药液通过胃管投入羊的胃中，适用于大量水剂、有刺激性、有异味药液或在病羊拒食情况下给药。将胃管消毒后涂抹液状石蜡，通过口腔或开口器的中间孔插入，配合羊的吞咽动作，将胃管徐徐送入食管，此时吹气有阻力（耳朵听时无声音，或者将排空气体的吸耳球对准胃管时无变化），继续深送到达胃部，吹气无阻力。必须肯定胃管确在胃内，接上漏斗将药液灌入。药液灌完后，再灌少量清水，然后取下漏斗，用嘴对胃管吹气，或用橡皮球打气，使胃管内残留的液体完全入胃，用拇指堵住胃管管口，或折叠胃管，慢慢抽出。注意事项：患咽炎、咽喉炎和咳嗽严重的病羊，不可用胃管给药；操作要仔细，动作要轻快，谨防损伤羊的咽喉或将药物送入气管；若插到气管内（耳朵对准胃管可听到呼气声，或排空气体的吸耳球对准胃管时可进入羊呼出的气体），应立即拔出重插，直到位置无误方可灌药。

4. 直肠给药 将药物投入直肠，在局部发挥药效，有放置栓剂和灌肠两种方法。灌肠是将药物配成液体直接灌入羊的直肠，用于排除或软化粪便，也可注入营养物质以增强抵抗力或治疗腹泻等。给羊灌肠可用导管法和灌肠器法。灌肠时先将直肠内的粪便清除，然后在橡皮管前端涂上凡士林或植物油，插入直肠内 8～15 厘米，把连接橡皮管的盛药容器提高到羊的背部以上，打开止液阀，缓慢注入与羊体温一致的药液。灌肠完毕后，拔出导管，压下羊的尾根，防止药液流出。

5. 呼吸道给药 气体或挥发性液体麻醉药和其他气雾剂型药物可通过呼吸道给药。肺脏有很大表面积，血流量大，肺泡细胞结构较薄，药物极易被吸收。

6. 外用给药 用于体外消毒和杀灭外寄生虫，药物使用后对局部发挥作用。常用方法有涂搽、撒粉、外敷、滴鼻、点眼、洗涤、浸泡等，用于消炎、收敛、保护、杀虫或免疫接种等。洗涤是将药配成溶液清洗局部皮肤或鼻、眼、口腔黏膜以及创伤等部位。涂搽是将软膏涂搽于皮肤或黏膜、创伤表面，或用碘酊、乙醇涂搽皮肤进行注射部位或术部消毒，体外杀虫药也可用涂搽方法给药。滴鼻给药适用于弱毒疫苗的接种，如布鲁氏菌病活疫苗(M5)的接种。浸泡主要用于治疗蹄部疾患，如坏死杆菌病。

(三)药物不良反应及报告

1. 药物不良反应　系指兽药在正常用法与用量情况下使用后出现与治疗目的无关的有害反应。它不仅指药物的副作用，还包括药物的毒性、特异性反应、变态反应、继发性反应以及致畸、致癌和致突变等作用。此外，超剂量给药、意外给药、蓄意给药、药物滥用、药物相互作用等也可引起不良后果。

(1)副作用　是指药物在治疗剂量内出现与治疗目的无关的作用。它是药物本身固有的作用，一般较轻，停药后即可恢复。如阿托品在解除胃肠痉挛时，腺体分泌减少，口干则成为副作用。

(2)毒性反应　是指药物引起机体比较严重的功能紊乱，甚至引起组织器官病理变化的一种比较严重的不良反应。其轻重程度与药物剂量和用药时间长短密切相关。主要表现对中枢神经系统、肝脏、肾脏、造血系统等的影响。例如，链霉素、庆大霉素和卡那霉素可损害前庭和耳蜗神经，导致眩晕和听力减退，磺胺类药物可损害肾脏，氯霉素能引起再生障碍性贫血。

(3)变态反应　是指少数动物在使用某药物致敏后，当再次使用该药所产生的致敏作用，曾叫过敏反应。变态反应的发生与药物本身的药理性质无关，与药物剂量也没有直接关系。轻度变态反应出现荨麻疹、皮炎、哮喘、发热等症状，重者可导致休克，甚至危及生命，如青霉素、四环素类、磺胺类、喹诺酮类等药物均可引起动物的变态反应。

(4)致癌、致畸和致突变作用　动物试验已证实,砷制剂、雌激素、喹噁啉类、硝基呋喃类等药物具有"三致"作用,我国和许多国家已明令禁止在食品动物使用这些药物。据报道,己烯雌酚有致癌作用,有些喹诺酮类药物已在真核细胞内显示出致突变作用。

2. 药物不良反应报告　给羊用药后,防疫员应对兽药的使用效果、不良反应做详细观察和认真记录。对已出现的药物不良反应,必须及时处理或报告给兽医,防止发生严重的不良反应。若有羊只死亡时,应请专业兽医进行剖检,分析是药物原因还是疾病原因所引起。若发现可能与兽药使用有关的不良反应时,还应当向当地兽医行政管理部门报告。

五、简单外科手术的操作

(一)手术人员手臂的洗刷与消毒

1. 手臂洗刷　先对指甲缝、指端用肥皂进行仔细地刷洗,然后按手指端、指间、手掌、掌背、腕背、前臂、肘部及以上顺序刷洗5～10分钟,再用流水将肥皂沫充分洗去。

2. 手臂消毒　将刷洗过的手臂在0.1%苯扎溴铵溶液中浸泡5分钟,也可用0.02%氯已定溶液浸泡手臂。之后,用无菌巾拭干或自然干燥,再戴灭菌手套,双手置于胸前轻轻举起,准备进行手术。

(二)术部的处理与消毒

1. 术部除毛　羊的被毛浓密,容易沾染污物和微生物,因此手术前必须用肥皂水刷洗术部及周围被毛,然后剃毛。剃毛的范围要超出切口周围10～20厘米。剃毛后,用肥皂反复刷洗局部并用清水冲净，最后用灭菌纱布拭干。

2. 术部消毒　消毒时应由手术区中心部向四周涂搽消毒药。若为已感染的创口，则应由较清洁处向患处涂搽，处理的范围要相当于剃毛区。先用5%碘酊消毒，待完全干后，再以70%乙醇将碘酊脱去。对口腔、鼻腔、阴道、肛门等黏膜组织的消毒多用0.1%苯扎溴铵溶液，眼结膜用2%～4%硼酸溶液，蹄部手术用2%甲酚皂溶液消毒。

3. 术部隔离　局部剪毛、消毒后，覆盖创巾，或用大块有孔手术巾覆盖于手术区，仅在中间露出切口部位，使术部与周围完全隔离，准备手术。

(三)麻　醉

麻醉指感觉特别是痛觉消失。给羊做手术前要麻醉，这需要防疫员与专业兽医共同合作完成。根据给药方式和作用不同，分为局部麻醉和全身麻醉。

1. 局部麻醉　是利用某些药物有选择性地暂时阻断神经末梢、神经纤维以及神经干的冲动传导，从而使其分布或支配的相应局部组织暂时丧失痛觉的一种麻醉方法。常用局部麻醉药有盐酸普鲁卡因、盐酸利多卡因和盐酸丁卡因等，麻醉方法有表面麻醉、局部浸润麻醉和传导麻醉。

2. 全身麻醉　是将麻醉药通过吸入或非吸入的方法给药，使羊完全失去知觉，处于无动、无痛状态的麻醉方法。给羊做比较复杂和难度较大的手术时，要进行全身麻醉。依麻醉方式不同，可分为吸入性全身麻醉和非吸入性全身麻醉。吸入麻醉剂有乙醚、氟烷、甲氧氟烷、恩氟烷、异氟烷、地氟烷等挥发性液体，以及氧化亚氮、环丙烷等气体，吸入麻醉时的麻醉深度可通过调节吸入气体中的药物浓度加以控制。非吸入全身麻醉给药途径有多种，如静脉注射、皮下注射、肌内注射、腹腔注射和直肠内灌注等。

(四)止　血

止血是指血管破损出血得到制止。

1. 全身预防性止血　在手术前30～60分钟给羊输入同种同型血液200～300毫升;或注射增高血液凝固性以及促进血管收缩的药物,如维生素K、安络血、止血敏等注射液。

2. 局部预防性止血　用肾上腺素做局部预防性止血常配合局部麻醉进行。或用止血带止血,适用于四肢、阴茎和尾部手术。

3. 手术过程中的止血

(1)机械止血

①压迫止血:用纱布或止血海绵压迫出血部位,以清除术部血液,辨清出血点,以便进行止血。在毛细血管渗血和小血管出血时,经压迫片刻,出血即可停止。在压迫止血时,必须是按压,不可擦拭,以免损伤组织或使血栓脱落。

②钳夹止血:用止血钳夹住血管的断端,钳夹的方向应与血管垂直。夹的组织要少,切不可做大面积钳夹。

③结扎止血:为最常用的止血方法,不仅可以减少失血,且能保持术野的清晰。止血应该分层次进行。皮下组织完全切开后即可进行止血,首先用纱布压迫出血点,用止血钳尖端斜着夹住出血点,应尽量少夹出血点周围的组织,然后用单纯结扎或缝合结扎的方法止血。

④填塞止血:找不到血管断端,钳夹或结扎止血困难时,先用灭菌纱布紧塞于出血的手术创腔内,压迫出血部位以达到止血目的。适用于深部大血管的止血。

(2)烧烙止血　利用电烧烙器或烙铁的烧烙作用使血管断端收缩封闭而止血,多用于弥漫性出血、羔羊断尾术的止血,其缺点是损伤组织较多。使用烧烙止血时,应将烙铁烧得微红,才能达到止血目的,但也不宜过热,以免组织炭化过多,使血管断端不能牢固堵塞。烧烙时，烙铁在出血处稍加按压后即迅速移开，否则组织黏附在烙铁上，当烙铁移开时会将组织扯离。

(3)局部化学和生物学止血　明胶海绵止血多用于一般方法难以止血的创面出血，如实质器官、骨松质、海绵质的出血等。使用时将明胶海绵铺在出血面或填塞在出血的伤口内，即能达到止血的目的。此外，可用麻黄素、肾上腺素溶液浸湿的纱布进行压迫止血；活组织填塞止血通常用于实质器官的止血；骨蜡止血多用于骨的手术和断角术。

(五)缝合和拆线

1. 缝合　是将已切开、切断或因外伤而分离的组织、器官进行对合或重建其通道，保证良好愈合的基本操作技术。方法有单纯对合缝合、内翻缝合、外翻缝合、器械吻合法等。缝合时应注意：严格无菌操作；缝合前必须彻底止血，清除血凝块、异物和无生机的组织；缝合针刺入与穿出应彼此相对，针距相等；无菌手术创应密闭缝合，化脓创不可缝合；打结时要适当收紧，创缘、创壁应互相对合，皮肤创缘不得内翻，缝合后创内不得留有死腔。

2. 拆线　是指拆除皮肤缝线。缝合术后 10～12 天即可拆除缝线。拆线时先用碘酊消毒缝线、伤口及伤口周围皮肤，将线结用镊子轻轻提起，并向线结一侧牵引，剪刀插入线结下，紧贴针眼将线剪断，随即拉出缝线，再次用碘酊消毒。

(六)包　扎

包扎是利用敷料、卷轴绷带、复绷带、夹板绷带、支架绷带和石膏绷带等材料包扎止血，保护创面，防止自我损伤，吸收创液，限制活动，使创伤保持安静，促进受伤组织的愈合的方法。

1. 包扎法类型　根据敷料、绷带性质及其不同用法，有以下几类。

(1)干绷带法　又称干敷法,是临床上最常用的包扎法。凡敷料不与其下层组织粘连的均可用此法包扎。本法有利于减轻局部肿胀,吸收创液,保持创缘对合,提供干净的环境,促进愈合。

(2)湿敷法　对于严重感染、脓汁多和组织水肿的创伤,可用湿敷法。此法有助于除去创内湿性组织坏死,降低分泌物黏性,促进引流等。根据局部炎症的性质,可采用冷、热敷包扎。

(3)硬绷带法　指用夹板和石膏绷带等包扎的方法。这类绷带可限制动物活动,减轻疼痛,降低创伤应激,缓解缝线张力,防止创口裂开和术后肿胀等。

2. 包扎材料及其应用

(1)敷料　常用敷料有纱布、海绵纱布和脱脂棉花等。纱布要求质软、吸水性强,多选用医用脱脂纱布。根据需要剪叠成不同大小的纱布块,其四边要光滑、没有脱落的棉纱,并用双层纱布包好,经高压蒸汽灭菌后用于覆盖伤口、止血、填充创腔和吸液等。海绵纱布是棉制多孔皱褶的纺织品,质柔软,吸水性比纱布好,其用法同纱布。棉花应选用脱脂棉花,棉花不能直接与创面接触,应先放纱布块,棉花则放在纱布上。为此,常可预制棉垫,即在两层纱布间铺一层脱脂棉,再将纱布四周毛边向棉花折转,使其成为方形或长方形棉垫。棉花也是四肢骨折外固定时常用的重要敷料,使用前也应经高压蒸汽灭菌。

(2)绷带　多由纱布、棉布等制作成圆筒状,故称卷轴绷带,用途最广。另根据绷带的临床用途及其制作材料的不同,还有其他绷带命名,如复绷带、夹板绷带、支架绷带、石膏绷带等。

(七)公羊去势术

公羊在 4～6 周龄即可实施去势手术,也有成年时去势的。手术人员由 2 人以上组成,需经过专业培训,熟练掌握去势操作技术,防疫员可以协助专业兽医完成羊的去势手术。

1. 开放式露睾去势法　将羊左侧横卧保定，背向术者。术者左手握住羊的阴囊颈部，将睾丸挤向阴囊底部，在阴囊的后面或前面距阴囊缝际外侧1～1.5厘米处，平行缝际各做一个纵切口，一刀切开阴囊各层，挤出睾丸。用剪刀剪开附睾尾韧带并分离睾丸系膜，对精索用结扎法或捋断法处理后除去睾丸。切口用碘酊消毒后，松解保定。

2. 无血去势钳去势法　将羊站立保定，术者用手抓住羊的阴囊颈部，将睾丸挤到阴囊底部，精索推挤到阴囊颈外侧，用长柄精索固定钳夹在精索内侧皮肤上，以防精索在皮下滑动。用2%碘酊消毒精索部皮肤，然后助手将无血去势钳的钳嘴张开，夹在精索固定钳固定点上方3～5厘米处缓缓合拢钳柄，术者确定精索确实在两钳嘴之间时，助手用力合拢钳柄，即可听到“咯吧”声，表明精索已被夹断。停留1～1.5分钟，松开钳嘴，再于其下方1.5～2厘米处钳夹第二道，钳夹部皮肤用碘酊消毒。对另侧的精索采用同样方法处理后，松解保定。

思考题

1. 解释下列概念：临床诊断，病理学诊断，样品，病料，血清，血浆，化学保定法，混饲给药，饮水给药，药浴给药，注射给药，药物不良反应，药物副作用，药物变态反应，麻醉，止血。

2. 羊病临床诊断常采用哪些方法？问诊和视诊的主要内容有哪些？羊的正常呼吸次数、体温范围各是多少？

3. 病理剖检采用哪些方法，注意检查哪些病理变化？

4. 样品采集应遵循哪些原则？常用检验样品有哪几种？如何从羊颈静脉采集血样？血清、血浆和全血有何区别？如何包装和送检样品？

5. 如何骑跨和侧卧保定羊？什么是化学保定法？常用的化学保定药物有哪几种？

6. 羊的群体给药、个体给药方法有哪些？混饲、饮水给药时应注意哪些事项？常用的注射方法有哪些？注射时应注意哪些事项？注射部位、注射要领是什么？常见药物不良反应有哪些？

7. 手术前如何洗刷和消毒手臂？怎样处理和消毒术部？缝合应注意哪些事项？如何拆线？常用敷料有哪些？

第五章　驱虫技术

我国幅员辽阔、地理环境复杂，南北气候有别，养殖方式不同，致使危害羊的寄生虫病较多。据报道，绵羊因感染包虫病，我国每年损失约 4 亿元。毋庸置疑，全国养羊业因众多寄生虫病而遭受的巨大损失是难以估计的。因此，为了防治寄生虫病，防疫员应掌握羊寄生虫病的防治技术、常用驱虫药及使用方法，协助专业兽医人员做好羊寄生虫病的预防和治疗工作。

一、驱治方法

(一)驱治要求

1. 人员要求　防治人员须经兽医专业技术培训，持证上岗，严格执行操作规程，做好人、羊防护安全工作。防疫员经过培训后可以协助兽医参与羊寄生虫病的防治，进行药物配制、施药、记录、用药后观察等工作。对羊群实施药浴(药淋)的人员应戴口罩、橡皮手套，以防中毒。

2. 设施、设备要求　驱杀羊体表寄生虫需要使用药浴、药淋设备。药浴适合大中型羊场，有流动式和固定式两种，羊只数量少可采用流动药浴。药浴池应建在地势较低处，远离居民区和人畜饮水水源的地方，采用砖、石、水泥建造，防止渗漏。药物喷淋应建造淋浴场，配备喷淋药械(淋药机、药浴器等)。药浴、药淋设备应按操作要求使用。

3. 驱杀试验　在组织大规模驱虫和药浴工作前，先进行小群试验，确认安全后方可大群驱治和药浴，以防用药不当，引起羊只中毒死亡。驱虫羊应在清晨空腹投药，药浴羊应提前饮足水；犬驱治前应禁食12小时以上。

(二)驱治时间

(1)驱虫时间　一般对羊只实施2次综合防治驱虫，第一次春季驱虫应在成虫期前进行，第二次冬季驱虫应在感染后期驱治。在寄生虫感染比较严重的地区，可以适当增加驱虫次数。例如，对羊的吸虫、绦虫在每年春、夏、秋三季各驱虫1次，线虫每年春、秋2次或按季驱虫。

(2)药浴时间　对羊的螨、蜱、虱、蝇、蚤等体外寄生虫的防治，通常在每年春、秋进行2次药浴，第一次在春季剪毛后7～10天进行，第二次在深秋进行，视各地防治情况每年只进行1次药浴也可，但所有羊只必须进行秋季药浴。

(三)驱虫防治

驱虫是指应用药物驱除、杀灭羊体内和外界相通脏器中的寄生虫。药物的配制和使用应按厂家提供的说明书进行，要求剂量准确，严禁超剂量用药。在同一地区，不能长期使用单一品种的药物，应经常更换驱虫药或联合用药，以减少耐药虫株的出现。驱治后应对羊群加强护理和跟踪观察，对中毒、伤残的羊只及时抢救、治疗。投药后应在固定区域排虫不少于3天，粪便集中焚烧或深埋，场地用火焰消毒处理，以防病原污染。

(四)药浴(淋)防治

药浴和药淋是预防与治疗羊体外寄生虫病的有效方法。药浴是指将配制好的药液置于药浴池或药浴槽、木桶浸浴羊体的方法；药淋是利用喷淋装置，用配制好的杀虫剂淋浴羊体的给药方法。具体选择哪种方法，应根据羊只数量、药物和羊场设施条件而定。

药浴应选择晴朗无大风天气，且在日出后的上午进行，以便药浴后羊毛能迅速干燥。药浴、药淋液充分溶解或混悬，搅拌均匀，浓度适宜，当天配制和使用，水温以 25℃～30℃为宜。药浴羊浸浴时间须达 1～2 分钟，保证羊只全身湿透，药浴过程中注意及时补充药液，保持药液有效浓度。操作人员应随时捞出浴槽内的粪便和污物，保持药液清洁。羊药浴后应在滴流台上停留几分钟，使其体表的药液从滴流台上流回药浴槽，避免浪费药液和污染环境，再将羊赶入棚舍或遮阴处，以防冷风吹袭或日光直射，待羊全身干燥后再饲喂。药淋以浸透羊毛为原则，其他注意事项见第四章相关内容。为提高效果，应注意隔 7～8 天再药浴（淋）1 次。

二、常用抗寄生虫药物

（一）体内驱虫药

1. 驱线虫药

伊维菌素

【制　剂】 伊维菌素注射液。

【作用与用途】 广谱、高效、低毒抗生素类抗寄生虫药，对体内、外寄生虫特别是线虫和节肢动物（昆虫和螨）均有良好驱杀作用，但对绦虫、吸虫和原虫无效。用于羊消化道线虫病和螨病的防治。

【用法与用量】 皮下注射，1 次量，每千克体重 0.2 毫克。

【注意事项】 有些羊在皮下注射本品后会出现剧痛，软组织肿胀，但通常是短暂的；配种前 4 周、妊娠期、产奶期禁用。

【休 药 期】 21 天。

丙硫苯咪唑（阿苯达唑）

【制　剂】 丙硫苯咪唑片。

【作用和用途】 高效、广谱、低毒，不仅对多种线虫有高效，而且对某些吸虫和绦虫也有较强的驱除效应。低剂量对羊血矛线虫、奥斯特线虫、毛圆线虫、细颈线虫、盖吉尔线虫、食道口线虫、夏伯特线虫、马歇尔线虫、古柏线虫的成虫以及大多数虫种幼虫（马歇尔线虫、古柏线虫幼虫除外）均有良好的驱除效果。低剂量还对网尾线虫成虫和未成熟虫体、莫尼茨绦虫成虫有效。高剂量对肝片吸虫、大片吸虫、矛形双腔吸虫成虫都有明显驱除效果。

【用法与用量】 内服，1次量，每千克体重5～15毫克。

【注意事项】 连续超剂量给药，有时会引起严重反应；连续长期使用，能使蠕虫产生耐药性，有可能产生交叉耐药性；妊娠期、泌乳期禁用。

【休 药 期】 28天。

芬苯达唑（苯硫苯咪唑，抗蠕敏）

【制　剂】 芬苯达唑片。

【作用和用途】 广谱、高效、低毒的苯并咪唑类驱虫药。不仅对羊消化道线虫成虫和幼虫有高度驱虫活性，而且对网尾线虫、矛形双腔吸虫、片形吸虫和绦虫亦有较佳效果，可驱除混合感染的多种寄生虫，还有极强的杀虫卵作用。用于驱杀羊消化道线虫、肺线虫、肝片吸虫、莫尼茨绦虫。

【用法与用量】 内服，1次量，每千克体重10～20毫克。

【注意事项】 长期应用，可引起耐药虫株。产奶期禁用。

【休 药 期】 28天。

奥芬达唑（苯硫氧咪唑）

【制　剂】 奥芬达唑片。

【作用与用途】 广谱、高效、低毒的抗蠕虫药。对羊消化道线虫的成虫和幼虫均有作用，对羊肺丝虫、脑多头蚴也有良好效果。治疗量对羊奥斯特线虫、毛圆线虫、细颈线虫的成虫以及细颈线虫、奥线特线虫、血矛线虫、夏伯特线虫、网尾线虫的幼虫均能全部驱净；对古柏线虫、食道口线虫、血矛线虫、夏伯特线虫、毛首线虫的成虫以及莫尼茨绦虫也有良好驱除效果。

【用法与用量】 内服，1次量，每千克体重5～10毫克。

【注意事项】 对苯并咪唑类耐药的虫株，对本品也可能耐药；妊娠早期、产奶期禁用。

【休药期】 28天。

左旋咪唑（左咪唑）

【制　剂】 盐酸左旋咪唑注射液。

【作用与用途】 广谱、高效、低毒的驱线虫药，对羊消化道线虫和肺线虫的成虫及幼虫均有效。用于驱杀羊的捻转血矛线虫、奥斯特线虫、毛圆线虫、古柏线虫、仲口线虫、结节虫、毛首线虫、丝状网尾线虫、胎生网尾线虫等。

【用法与用量】 皮下、肌内注射，1次量，每千克体重5～6毫克。

【注意事项】 对注射局部可能有刺激性；临床应用需精确计量，超剂量会发生中毒；中毒时可用阿托品解毒。

【休药期】 28天

噻咪唑（四咪唑）

【制　剂】 盐酸噻咪唑片、盐酸噻咪唑注射液。

【作用与用途】 广谱驱虫药，驱虫范围基本同左旋咪唑，对羊消化道和呼吸道的多种线虫有效。

【用法与用量】 内服，1次量，每千克体重10～15毫克。皮下、肌内注射，1次量，每千克体重10～12毫克。

【注意事项】 中毒后可用阿托品解救；肌内注射易引起局部肿胀，故应深部注射。

【休药期】 3天。

2. 驱绦虫药

吡喹酮（环吡异喹酮）

【制　剂】 吡喹酮片。

【作用与用途】 广谱抗绦虫和抗血吸虫药。主要用于驱除血吸虫、华支睾吸虫,也可用于绦虫病和囊尾蚴病的治疗。

【用法与用量】 内服,1次量,每千克体重10～35毫克。

【注意事项】 个别出现体温升高、肌肉震颤等症状。

【休 药 期】 28天。

硫双二氯酚(别丁)

【制　剂】 硫双二氯酚片。

【作用与用途】 广谱驱虫药,对羊的片形吸虫、前后盘吸虫和莫尼茨绦虫均有效。

【用法与用量】 内服,1次量,每千克体重75～100毫克。

【不良反应】 多数动物内服后可出现暂时性腹泻症状,但多能在2天内自愈。

【休 药 期】 28天。

氯硝柳胺(灭绦灵)

【制　剂】 氯硝柳胺片。

【作用与用途】 对多种绦虫均有杀灭效果,还具有杀灭钉螺、血吸虫尾蚴、毛蚴的作用。主要用于羊的莫尼茨绦虫和无卵黄腺绦虫感染,对绦虫头节和体节具有驱排效果。

【用法与用量】 内服,1次量,每千克体重50～70毫克。

【注意事项】 忌与碱性药物混用;羊在给药前,应禁食12小时。

【休 药 期】 28天。

氢溴酸槟榔碱

【制　剂】 氢溴酸槟榔碱片(或粉剂)。

【作用与用途】 对犬细粒棘球绦虫、豆状带绦虫、泡状带绦虫、绵羊带绦虫和多头绦虫均有效。主要用于驱除犬的绦虫。

【用法与用量】 内服,1次量,每千克体重2～4毫克。

【休 药 期】 28天。

3. 驱吸虫药

氯氰碘柳胺(克洛汕特)

【制　剂】 氯氰碘柳胺钠注射液、氯氰碘柳胺钠片。

【作用与用途】 广谱抗寄生虫药,对羊片形吸虫、消化道线虫以及节肢动物的幼虫均有驱杀活性。常用于防治羊寄生虫的混合感染,如片形吸虫病、消化道线虫病、羊鼻蝇蛆病等。

【用法与用量】 内服,1次量,每千克体重10毫克。皮下、肌内注射,1次量,每千克体重5～7.5毫克。

【休 药 期】 28天。

(二)体外杀虫药

体外杀虫药是用来杀死或驱除病媒昆虫或羊体外寄生虫的天然或人工合成的药物制剂。按《羊寄生虫病防治技术规范》(2004)规定,在羊体外寄生虫病防治中,允许使用以下药物。

双甲脒(特敌克)

【制　剂】 双甲脒油。

【作用与用途】 接触性广谱、高效、低毒杀虫剂,对各种螨、蜱、蝇、虱等均有效。用于防治羊的疥螨、痒螨、蜱、虱等体外寄生虫病。

【用法与用量】 药浴、喷洒、涂搽,配成0.05%的溶液。

【注意事项】 对感染严重的羊用药7天后可再用1次;双甲脒对皮肤有刺激作用,防止药液沾污皮肤和眼睛。

【休 药 期】 7天。

溴氰菊酯

【制　剂】 溴氰菊酯乳油。

【作用与用途】 具有广谱、高效、低残留等优点,对多种有害昆虫有杀灭作用,对羊各种体外寄生虫均有良好的杀灭作用。

【用法与用量】 药浴,羊预防量每升水用30毫克,治疗量每升水用 50～80 毫克。

【注意事项】 对皮肤、黏膜、呼吸道有刺激作用，用时注意防护；对鱼有剧毒，使用时切勿将残液倒入鱼塘；遇碱分解，对塑料制品有腐蚀性；本品急性中毒无特殊解毒药，阿托品能阻止中毒时的流涎症状。

【休 药 期】 28 天。

思 考 题

1. 解释下列概念：驱虫，药浴，药淋。
2. 通常对羊体内、外寄生虫驱治应在哪些季节进行？
3. 羊寄生虫病药物驱治方法有哪些？
4. 驱虫防治时应注意哪些事项？
5. 对药浴（淋）设备有何要求？ 药浴时需要注意哪些事项？
6. 常用抗蠕虫药有哪些？
7. 常用体外杀虫剂有哪些？
8. 伊维菌素、丙硫苯咪唑和吡喹酮对羊的哪些寄生虫有效？

第六章　疫情扑灭技术

当羊群中有疫病存在或发生时,应依据《中华人民共和国动物防疫法》的有关规定,根据疫病的性质和疫情蔓延情况,采取有效措施控制疫病的发生与流行。要达到这一目的,首先应了解疫病的流行特点,认清疫病的发生、发展规律。

一、动物疫病的分类

动物疫病是指病原生物如细菌、病毒和寄生虫等侵害机体引起的具有传染性、流行性的动物疾病。根据病原体不同,分为传染病和寄生虫病。传染病是由病原微生物引起,具有一定的潜伏期和临诊表现,并具有传染性的疾病。寄生虫病是由动物性寄生物(统称寄生虫)引起的疾病。在寄生虫生活史中,有的只需 1 个宿主,有的则需 2 个或更多宿主。成虫或有性生殖阶段所寄生的宿主称为终末宿主,幼虫或无性生殖阶段所寄生的宿主称为中间宿主。

根据动物疫病对养殖业生产和人体健康的危害程度,《动物防疫法》中将动物疫病分为下列三类:一类疫病,是指对人与动物危害严重,需要采取紧急、严厉的强制预防、控制、扑灭等措施的疫病;二类疫病,是指可能造成重大经济损失,需要采取严格控制、扑灭等措施,防止扩散的疫病;三类疫病,是指常见多发、可能造成重大经济损失,需要控制和净化的疫病。

二、疫病的流行过程及特点

疫病种类繁多，临床表现多样，但不同疫病的发展过程在大多数情况下具有严格的规律性。了解羊病的流行过程，掌握流行特性和规律，有助于在实践中制定科学合理的防疫措施，从而有效预防和控制疫病的发生与蔓延。

（一）流行过程的基本环节

疫病的流行过程是指病原体由传染源排出，通过各种传播途径侵入其他易感动物体内，形成新的疫病传染，并继续传播形成群体感染发病的过程。羊病在一个地区或羊群中传播和流行必须具备3个基本条件，即传染源、传播途径和易感动物。这三个条件通常称为疫病流行的三个环节。当这三个环节在某一地区同时存在并相互联系时，就会构成疫病的发生。因此，切断或控制其中任何一个环节，就可以有效地防制某种疫病的发生与流行。

1. 传染源 亦称传染来源，是指体内有某种传染病或寄生虫病的病原体寄居、生长、繁殖，并能将其排出体外的动物。羊感染后，可以表现为患病和携带病原两种状态，因此传染源一般可分为患病羊和病原携带者两种类型。病羊及其他发病动物是重要的传染源。病原携带者指外表无症状但携带并排出病原体的动物。根据所携带病原体的不同，病原携带者可相应的称为带菌者、带毒者、带虫者。传染源常通过粪便、血液、尿液和其他分泌物、排泄物、尸体等，不断地把病原微生物或某一发育阶段的寄生虫（成虫、虫卵或幼虫）排到外界环境中，污染土壤、饲料、牧场、饮水、饲槽和其他饲养用具，然后经一定途径转移给易感羊。

2. 传播途径 是指病原体传播的路途。即来自传染源的病原体，经一定方式再侵入易感动物所经过的途径。了解疫病传播途径的目的在于切断病原体继续传播的途径，防止易感羊群被感染。传播途径可分两大类：一是垂直（纵向）传播，即母体所患的疫病或所带的病原体，经卵、胎盘传播给子代的传播方式；二是水平传播，即疫病在群体之间或个体之间以水平形式横向平行传播。水平传播在传播方式上又可分为直接接触和间接接触传播2种。前者是指传染源直接与健康羊只接触而引起感染的传播方式。例如，狂犬病只有在羊被病畜直接咬伤时才有可能发生。间接接触传播指健康羊只接触传播媒介而发生感染的传播方式。其中将病原体从传染源传播给易感羊只的各种外界环境因素叫做传播媒介。传播媒介可以是生物如昆虫、鸟类、人类等，也可以是非生物如空气、土壤、饲料、工具、粪便和饮水等。因而，间接传播方式又可分为空气传播、饲料传播、经水传播、土壤传播、虫媒传播等。单独由直接接触传播的传染病很少，且不会形成广泛流行，大多数传染病以间接接触传播为主，同时也可直接接触传播。寄生虫病的传播途径可以是某种单一的因素，如虱可从传染源直接感染另一羊；也可是由一系列因素所构成，如有些蠕虫，在离开传染源后，需在中间宿主体内发育或繁殖至感染期后再感染另一宿主。

3. 易感动物　是指对某种病原体或致病因子缺乏抵抗力而易受其感染的动物。病原体只有侵入有易感性的羊只，才能引起疫病的发生和流行。羊的易感性高低与病原体的种类和毒力强弱有关，但对传染病的易感性主要由机体的遗传特征、特异免疫状态等因素决定，而气候、饲料、饲养管理和卫生条件等外界环境因素都可能直接影响到羊群的易感性和病原体的传播。此外，环境湿度、粪便处理、中间宿主和节肢动物孳生等因素也可影响羊对疫病的易感性和病原体的传播。

（二）流行过程的特点

1. 流行过程的表现形式　在羊疫病的流行过程中，根据一定时间内发病率的高低和传染范围大小，将其表现形式分为散发性、地方流行性、流行性或大流行。散发性是指病例以散在形式发生且各病例之间在时间和地点上无明显联系。地方流行性是指某种疾病发病数量较大，但其传播范围限于一定地区，并且呈较小规模流行，病例稍多于散发性。流行性是指某种疫病在一定时间内发病数量比较多，传播范围比较广，形成群体性发病或感染。流行性疾病的传播范围广、发病率高，如不加以防制，常可传播到几个乡、县甚至省。这些疾病往往是病原的毒力较强，能以多种方式传播，羊群的易感性较高，如口蹄疫等重要疫病可能表现为流行性。某病在一个单位动物或一定地区短时期内(该病的最长潜伏期内)突然发生很多病例时，可称为暴发。暴发可作为流行性的同义词。大流行是某种疫病在一定时间内迅速传播，发病数量很大，蔓延地区很广甚至全国及国外。

2. 季节性和周期性　季节性是指某种疫病在每年一定的季节内发病率明显升高的现象。由于不同的季节对病原体和动物机体有不同的影响，因此许多疫病表现出明显的季节性。例如，口蹄疫病毒对炎热和阳光敏感，因此夏季很少发生。而夏季的多雨及洪水易将土壤中的炭疽芽孢冲刷出来，因此易发生炭疽。有些疫病规律性地间隔一定时间发生 1 次流行，这种现象叫周期性，其原因是羊群体的免疫力发生着周期性的变化。例如，当疫病流行期间，易感羊发病死亡或淘汰，耐过羊则获得了免疫力，因此在一定时间内该病不会发生。经过较长时间后，这些耐过羊的免疫力下降，并有新一代出生，因此易感羊只增多，该病再度暴发，即为周期性。

(三)影响流行过程的因素

社会因素、自然因素和饲养管理因素常常相互作用，共同影响疫病的流行。由于自然因素一般是相对稳定的，而社会因素和饲养管理水平往往是可变的。因此，社会的稳定、经济的发展、兽医公共卫生的进步、动物防疫保健制度的完善以及羊群饲养管理水平的提高，对控制疫病的流行起主导作用。

1. 自然因素　包括气候因素和地理环境。气候条件，如温度、湿度、光照、年降雨量、土壤酸碱度等。地理条件，如经纬度、地形、海拔高低、湖泊与河流分布情况、交通状况等和动植物区系（如传播媒介、终末宿主、中间宿主及植被）等。自然因素通过对流行过程三个环节的影响而发挥作用，气候和地理的不同必将影响到植被和动物区系的不同，后者又直接或间接地影响到寄生虫的分布及寄生虫病的传播与流行。通常气候条件影响病原体在外界的生长发育、媒介昆虫的孳生和寄生虫的中间宿主，如很多吸虫毛蚴的孵化和尾蚴的逸出除需要水外，还与温度、光照等条件有关，而适宜的温度又增加了羊群接触疫水的机会，因而有利于血吸虫病等疾病的流行。地理环境会影响到中间宿主的孳生与分布，如肺吸虫的中间宿主溪蟹和蝲蛄只适于生长在山区小溪，因此肺吸虫病主要在丘陵、山区流行；日本血吸虫的中间宿主钉螺在我国的分布不超过北纬 33.7°，因此目前我国北方地区尚无血吸虫病流行。

2. 社会因素　包括社会制度、经济状况、科学水平、文化教育、动物防疫、动物保健以及贯彻执行法规的情况等。它们既可能是促进羊病广泛流行的原因，也可以是有效消灭和控制疫病流行的关键所在。

3. 饲养管理因素　羊舍的建筑结构、通风设施、垫料种类、饲养密度、饲养管理制度、饮水和饲料卫生以及牧场的清洁度等都影响疫病发生和流行。

三、疫病的防治与净化

防治是指对疫病的预防、治疗和其他必要处理。净化是指对某病发病地区采取一系列措施，达到消灭和清除传染源的目标。

当羊群发生《动物防疫法》所规定的三类疫病时，可采取以下措施进行综合防治，结合加强饲养管理和培育健康羊群，可使羊群疫病逐步乃至最终得到完全净化。

（一）隔　离

隔离是将疫病感染动物、疑似感染动物和病原携带动物，与健康动物在空间上隔开，并采取必要措施切断传染途径，以杜绝疫病继续扩散。隔离是防治和扑灭疫病的重要措施之一，其目的是为了控制传染源，防止健康羊只继续受到感染，以便将疫情控制在最小范围内就地扑灭。因此，当发生三类动物疫病时，应先查明疫病在羊群中蔓延的程度，逐个检查临床症状，必要时进行血清学和变态反应检查。根据诊断结果，将全部羊只分为病羊、疑似感染羊和假定健康羊三类，并将其分别进行隔离，以消除和控制传染源，从而中断流行过程。

1. 病羊　是指已表现某疾病临床症状的羊，包括有明显症状、类似症状或其他特殊检查为阳性的羊。病羊是最危险的传染源，将其隔离在原来的圈舍内，加强卫生管理和护理工作，必须有专人看管，严格消毒，并及时进行治疗，严禁其他人员或畜禽出入。隔离区内的用具、饲料等应彻底消毒，粪便单独堆积发酵。

2. 疑似感染羊　是指未发现任何症状，但与病羊曾处于同一传染环境中有可能感染该疫病的羊，如与患病羊同舍饲养、同地放牧、同车运输，或使用过共同的水源、用具、草场，或位于患病羊邻近下风的易感羊群。这些羊有可能正处于潜伏期，并有排出病原体的危险，应在消毒后另选地方将其隔离，专人饲养管理，限制其活动，详细观察，出现症状的则按病羊处理。此外，对这些羊只应立即进行紧急免疫接种或预防性治疗。经过1～2周不再发病者，则可取消限制。

3. 假定健康羊　除上述两类情况外，凡一切正常、与病羊和疑似感染羊无明显接触的羊均属于假定健康羊。对这类羊，要采取隔离、紧急预防接种、观察和诊断等措施，加强防疫消毒和相应的保护措施，必要时可根据实际情况分散喂养或转移至偏僻牧地，直至确为健康羊并经必要安全处理后，方能与健康羊混群。

（二）消　毒

严格合理的消毒是疫病防控的关键性措施，其目的是消灭传染源排到外界环境中的病原体，以切断疫病的传播途径，阻止疫病的发生和蔓延，从而做到防患于未然。消毒的重点对象是圈舍及其周围环境、饲养用具、运输工具、交易场所、仓库、工作服、鞋帽、器械等。

（三）杀虫与灭鼠

1. 杀虫　是指采用物理、化学、生物学等方法消灭或减少疫病传播媒介昆虫或动物体外寄生虫。虻、蝇、蚊、蜱等节肢动物都是动物疫病的重要传播媒介，有些还可寄生于羊体外。因此，杀灭这些媒介昆虫，对于预防和扑灭动物疫病有重要的意义。

（1）物理杀虫法　指应用喷灯火焰，干热的空气，沸水或蒸汽，机械的拍、打、捕、捉及仪器诱杀等方法对墙壁、用具、运输工具等物品上的昆虫及虫卵进行杀灭。

（2）生物杀虫法　是利用昆虫的天敌或病菌及雄虫绝育技术来杀灭害虫的方法。此外，通过环境治理，消除昆虫孳生的环境条件，亦为杀灭昆虫的有效方法。

（3）药物杀虫法　有机磷杀虫剂和拟除虫菊酯类杀虫剂为目前使用最为广泛的两类杀虫剂。前者因毒性较大，并有残留现象，对人、畜有一定危害而逐渐被禁用或被其他药物取代，而后者因广谱、高效、毒性低、用量小、对抗药性昆虫有效等特点成为近代杀虫剂发展的方向和新途径。此外，昆虫生长调节剂因不污染环境，对人、畜无害而成为最有希望的“第三代杀虫剂”。

2. 灭鼠 是指采取措施使鼠类数量减少以至消灭，以防止其危害。鼠类是多种人兽共患病的传播媒介和传染源，如炭疽、布鲁氏菌病、李氏杆菌病、伪狂犬病、口蹄疫等都可经其传播。因此，灭鼠对于这些疫病的防治具有重要意义。灭鼠的方法可分为以下两类。

(1)器械灭鼠法 利用各种工具以不同方法扑杀鼠类，如关、夹、压、扣、套、翻(草)、堵(洞)、挖(洞)、灌(洞)等。此类方法可就地取材，简便易行。

(2)药物灭鼠法 根据灭鼠药物进入鼠体内途径不同可将其分为消化道药物和熏蒸药物两类。消化道药物主要有磷化锌、杀鼠灵、安妥等，此类药物因对人、畜亦有极大毒性，某些已被禁用；熏蒸药物包括氯化苦和灭鼠烟剂。应用时将药物按一定量直接或点燃后放入鼠洞并封闭洞口。

(四)免疫接种和监测

有计划地给尚未发病的羊只进行免疫接种，以提高其抵抗力，是疫病防治的重要措施。疫苗免疫后有无效果，则需做好免疫监测工作。免疫监测是指普检或抽检动物群体的抗体水平，以监控群体的免疫状态，为实施计划免疫和增强免疫提供依据。疫病不同免疫监测方法不同，常用方法有间接血凝试验或酶联免疫吸附试验等。

(五)驱虫和药浴

寄生虫不仅直接导致羊的寄生虫病，而且可携带多种病原微生物，成为许多传染病的传播媒介，起到传播疫病和扩散疫情的作用。因此，定期驱虫和药浴不仅可有效地预防寄生虫病的发生，而且可以切断某些传染病的传播途径，从而及时控制和扑灭疫情。

(六)药物预防

药物预防是指通过使用药物,防止感染或发生某种疾病的措施。对于一些尚未研制出有效疫苗的疫病可应用药物进行预防。药物预防时通常将安全而廉价的药物加入饲料和饮水中,让羊自行采食和饮用。常用的药物有抗生素、磺胺类药物等抗微生物药物和抗寄生虫药物、中草药制剂、微生态制剂等。

(七)疫病监测与检疫

疫病监测是指对某种疫病的发生、流行、分布及相关因素进行系统的、长时间的观察与检测,以把握该病的发生发展趋势。检疫是指动物防疫监督机构的检疫人员按照国家标准、农业部行业标准和有关规定对动物及动物产品进行的是否感染特定疫病或是否有传播这些疫病危险的检查以及检查定性后的处理,包括口岸检疫(进境检疫、出境检疫、过境检疫)、产地检疫和运输检疫。羊只能从非疫区购入,经动物检疫部门检疫无异常者,签发检疫合格证明书。

疫病监测和检疫是疫病防治的重要环节,通过疫病监测和检疫,可以掌握该疫病发生、发展和流行的趋势与规律,进而制定科学的防治策略并采取相应的措施,以预防疫病的发生和传播。疫病监测和检疫主要采用免疫学方法和分子生物学方法。

(八)治　疗

治疗羊的疫病,一方面是为了挽救病羊,减少损失,另一方面在某种情况下也是为了消除传染源,是综合性防疫扑灭措施中的一个组成部分。疫病的治疗与一般普通病不同,特别是那些流行性强、危害严重的传染病,一定要在严密封锁和隔离的条件下进行,必须使治疗病羊不致成为散播病原体的传染源,而且治疗必须及早进行,不能拖延时间。还应尽量减少诊疗工作的次数和时间,以免经常惊扰而使病羊得不到安静的休养。当病羊无法治愈或病愈后的医疗费用超过羊的价值时，或当病羊对周围的人、畜有严重传染威胁时，应在严密消毒的情况下将病羊淘汰处理。疫病治疗主要采取针对病原体的疗法和针对动物机体的疗法。

在治疗的同时，还需加强对病羊的护理。冬季注意防寒保暖，夏季注意避暑降温。隔离舍必须光线充足、通风良好，并有单独的畜栏，以防病羊彼此接触。环境应清洁、安静，并经常进行消毒，严禁闲人入内。饮水应新鲜、干净，少量多次添加新鲜易消化的高质量饲料。必要时可注射葡萄糖、维生素或其他营养性物质以维持其生命，帮助机体渡过难关。

四、疫情的控制与扑灭

疫情是指动物疫病发生、发展及相关情况。控制是指采取措施使疫病不再继续蔓延和发展。扑灭是指在一定区域内，采取紧急措施以迅速消灭某一疫病。当羊群发生一类、二类疫病或三类疫病呈暴发性流行时，除应迅速、及时向上级有关部门上报疫情报告并快速做出诊断外，同时还应在上述隔离等综合措施的基础上，组织人力和物力进一步采取以下针对性措施，以及时有效地控制和扑灭疫情，并应严格执行《动物防疫法》和国务院颁布的《重大动物疫情应急条例》、《国家突发重大动物疫情应急预案》等规定，遵守县级以上人民政府及兽医行政主管部门依法做出的有关控制、扑灭动物疫病的规定。任何单位和个人不得藏匿、转移、盗掘已被依法隔离、封存、处理的羊和羊产品。

(一)疫情报告和认定

1. 疫情报告　是指按照政府规定，兽医和有关人员及时向上级领导机关所作的关于疫病发生、流行情况的报告。从事动物疫情监测、检验检疫和羊饲养等的单位和个人，发现羊传染病或疑似传染病时，必须立即报告当地动物卫生监督机构或动物疫病预防控制机构，并采取隔离等控制措施，防止动物疫情扩散。其他单位和个人发现羊染疫或者疑似染疫的，应当及时报告。任何单位和个人有权向各级人民政府及其有关部门报告突发重大动物疫情及其隐患，特别疑似口蹄疫、炭疽、狂犬病等重大传染病，一定要迅速报告。接到动物疫情报告的单位，应及时采取必要的控制处理措施，并按照国家规定的程序上报。任何单位和个人不得瞒报、谎报、迟报、漏报动物疫情，不得授意他人瞒报、谎报、迟报动物疫情，不得阻碍他人报告动物疫情。

(1)责任报告单位和责任报告人　责任报告单位包括县级以上地方人民政府所属动物防疫监督机构，动物疫病国家参考实验室和相关科研院校，出入境检验检疫机构，兽医行政管理部门，县级以上地方人民政府，有关羊饲养、经营和羊产品生产、经营的单位，各类动物诊疗机构等相关单位。责任报告人包括执行职务的各级动物疫病预防控制机构人员、出入境检验检疫机构的兽医人员，各类动物诊疗机构的兽医，饲养、经营羊和生产、经营羊产品的人员。

(2)报告形式　各级动物疫病预防控制机构应按国家有关规定报告疫情，其他责任报告单位和个人以电话或书面形式报告。

(3)报告时限和程序　发现可疑动物疫情时，必须立即向当地县(市)动物疫病预防控制机构报告。县(市)动物疫病预防控制机构接到报告后，应当立即赶赴现场诊断，必要时可请省级动物疫病预防控制机构派人协助进行诊断。认定为疑似重大动物疫情的，应当在 2 小时内将疫情逐级报至省级动物疫病预防控制机构，并同时报所在地人民政府兽医行政管理部门。省级动物疫病预防控制机构应当在接到报告后 1 小时内，向省级兽医行政管理部门和农业部报告。省级兽医行政管理部门应当在接到报告后的 1 小时内报省级人民政府。特别重大动物疫情发生后,省级人民政府、农业部应当在4小时内向国务院报告。

(4)报告内容　疫情发生的时间、地点,发病羊的种类和品种、来源、临床症状、发病数量、死亡数量,是否有人员感染,已采取的控制措施,疫情报告单位和个人的联系方式等。

2. 疫情认定　动物疫情由县级以上人民政府兽医主管部门认定;其中重大动物疫情由省、自治区、直辖市人民政府兽医主管部门认定,必要时报国务院兽医主管部门认定。

3. 重大羊病的确诊　认定为疑似重大动物疫情的应立即按要求采集病料样品,送省级动物疫病预防控制机构实验室确诊,省级动物防疫监督机构不能确诊的,送国家兽医参考实验室确诊。确诊结果应立即报农业部,并抄送省级兽医行政管理部门。

(二)封存与封锁

封存是指将染疫物或可疑染疫物放在指定地点并采取阻断性措施(如隔离、密封等)以杜绝病原体传播的一切可能。经有关部门同意后方可移动和解封。封锁指某一疫病暴发后,为切断传播途径,禁止人、动物、车辆或其他可能携带病原体动物在疫区与其周围区之间出入。当暴发危害严重的传染病时,除严格隔离病羊外,还应采取划区封锁的措施。封锁的目的是保护广大地区羊群的安全和人民的健康,把疫病控制在封锁区之内,发动群众集中力量就地扑灭。执行封锁时应掌握"早、快、严、小"的原则,即执行封锁应在流行早期,行动果断迅速,封锁要严密,范围不宜过大。具体措施如下。

1. 设立明显标志　根据疫情确定疫点、疫区和受威胁区。疫点是指发生疫病的自然单位(圈、舍、场、村),在一定时期内成为疫源地。疫区是指疫病暴发或流行所波及的区域,通常指以疫点为中心,半径3～5千米范围内的区域。受威胁区是指与疫区相邻并存在该疫区疫病传入危险的地区，通常指疫区周边外延 5～30 千米范围内受威胁的区域。疫区划分时应考虑当地的饲养环境和天然屏障（如河流、山脉等）、病羊所在的养殖场（户）、养羊小区或羊屠宰加工、经营等单位，如为农村散养，则应将病羊所在的自然村划为疫点。此外，封锁区的划分，必须根据该病的流行规律，对当时疫病流行的具体情况和当地的具体条件充分研究，确定疫区和受威胁区。在封锁区边缘设立明显标志，指明绕道路线，设置监督岗哨，禁止易感动物通过封锁线，以便将疫情消灭在疫区之内。

2. 疫点采取的措施 主要措施包括：第一，严禁人、动物、车辆出入和动物产品及可能污染的物品运出，在特殊情况下人员必须出入时，需经有关兽医人员许可，严格消毒后出入；第二，对病死羊及同群羊，县级以上兽医行政管理部门有权采取扑杀、销毁或无害化处理等措施；第三，疫点入口必须有消毒设施，疫点内的用具、圈舍、场地必须进行严格消毒，疫点内的羊粪便、垫料、受污染的草料必须在兽医人员监督指导下进行无害化处理。

3. 疫区采取的措施 主要措施包括：一是交通要道必须建立临时性检疫消毒关卡，专人管理，备有消毒设施，监察羊及其产品移出，对出入人员、车辆进行消毒；二是暂时停止集市和各种畜禽的集散活动，禁止从疫区运出易感动物及其产品和污染的饲料、饲草等；三是非疫点的易感动物应及时进行检疫和紧急接种；四是病羊在严加隔离的基础上，进行紧急治疗、急宰和扑杀等处理，对污染的饲草、饲料、垫料、粪便、圈舍场地、用具、道路等进行严格消毒，死羊尸体必须深埋或焚烧，同时做好杀虫、灭鼠工作。

4. 受威胁区采取的措施 主要措施如下：一是对易感动物及时进行预防接种，建立免疫带；二是禁止本区易感动物出入疫区且避免饮用疫区流过来的水；三是对本区的屠宰加工厂、畜产品仓库等要进行严格的兽医卫生监督，拒绝接受来自疫区的羊及其产品；四是禁止从封锁区购买羊、草料和羊产品，如果从解除封锁后不久的地区购买羊或其产品时，应注意隔离观察，必要时对羊产品进行无害化处理。

5. 解除封锁 疫区内最后一头病羊痊愈或被扑杀后，经过一定的封锁期(根据该病的潜伏期而定，应为该病的最长潜伏期)，如果再无新的感染或发病动物时，经过全面的终末消毒，兽医行政管理部门验收合格后，可以解除封锁。封锁解除后，有些疫病的病愈羊在一定时间内有带菌(毒)现象，仍属于传染源，因此应限制这些病愈羊的活动范围，特别应注意不能将其调入安全区域。

(三)消　毒

根据《动物防疫法》和其他相关法规的规定，发生疫情后必须对疫点、疫区以及受到威胁的地区进行严格消毒，特别是重大动物疫病发生后，必须采取严格的卫生消毒措施。

1. 疫点、疫区消毒 消毒范围包括圈舍地面及内外墙壁，舍外环境，饲养、饮水等用具，运输等设施设备以及其他一切可能被污染的场所和设施设备。疫点每天消毒 1 次，连续 1 周，1 周后每 2 天消毒 1 次。疫区内疫点以外的区域每 2 天消毒 1 次，直至传染病被彻底扑灭，解除封锁为止。

(1)疫点的紧急防疫消毒

①喷雾消毒：用 0.3%过氧乙酸等溶液对病羊圈舍喷雾消毒。

②羊舍清理：将羊舍内的污物、粪便、垫料、剩料等各种污物彻底清理干净，并做无害化处理。可移动的设备和用具搬出羊舍，集中堆放到指定的地点清洗、消毒。

③火焰消毒：羊舍清扫后，用火焰喷射器对舍内的墙裙、地面、饲槽、笼具等非易燃物品进行火焰消毒。

④冲洗：对羊舍的墙壁、地面、笼具，特别是屋顶木梁柁架等，用高压水枪冲刷，清洗干净。

⑤喷洒消毒：羊舍地面水干后，用消毒液对地面和墙壁等进行

均匀地、足量地喷雾、喷洒消毒。

⑥熏蒸消毒：关闭门窗和风机，用甲醛溶液密闭熏蒸消毒24小时以上。

⑦舍外环境消毒：对疫点养羊场内的羊舍外环境清理后进行彻底消毒。

(2)交通道路、运输工具的消毒　封锁期间，出入疫点、疫区的交通要道设立临时性消毒点，对出入人员、运输工具及有关物品消毒，特别是运输工具必须全面消毒。疫区内所有可能被污染的运载工具应严格消毒，车辆的外面、内部及所有角落和缝隙都要用清水冲洗，用消毒剂消毒，不留死角。车辆上的物品也要做好消毒。从车辆上清理下来的垃圾和粪便要做无害化处理。

(3)工作人员的消毒　参加传染病防控工作的各类人员应进行消毒，其中包括穿戴的工作服、帽、手套、胶靴以及使用的器械等，消毒方法可采用浸泡、喷洒、洗涤等；工作人员的手及皮肤裸露部位应清洗、消毒。

(4)动物市场的消毒　对疫点、疫区动物交易市场，用消毒液喷洒所有区域，饲料和粪便等要深埋、发酵或焚烧。

(5)屠宰加工、贮藏等场所的消毒　发生口蹄疫等重大疫病时，所有羊及其产品都要深埋或焚烧；圈舍、过道和舍外区域用消毒剂喷洒消毒后清洗；所有设备、台面、冰箱、地板、墙壁等用消毒剂喷洒消毒后冲洗干净；所有衣服用消毒剂浸泡后清洗干净，其他物品都要用适当的方式进行消毒。

(6)其他场所的消毒　疫区范围内办公、饲养人员的宿舍、公共食堂等场所，可采用喷洒的方式消毒。

(7)疫区的终末消毒　在解除封锁前对疫区进行彻底消毒。

(8)污水、排泄物的处理　以上消毒所产生的污水以及羊的排泄物均应进行无害化处理。

2. 威胁区的预防消毒　受急性烈性传染病威胁地区的养羊

场,以及羊肉、羊毛、羊皮等产品集贸市场、羊肉加工厂等场所、交通运输工具应加强预防消毒工作。

(四)紧急接种

发生传染病时,为了迅速控制和尽快扑灭疫情必须对疫区内和受威胁区内尚未发病的羊只进行紧急免疫接种。在疫区使用疫苗做紧急接种时,必须对受到传染威胁的羊只逐头详细观察和检查,只能对正常无病的羊只进行紧急接种。对病羊及可能已受感染处于潜伏期的羊,则不能再接种疫苗。如果对处于潜伏期的羊接种疫苗,不但得不到有效保护,反而会促使其更快发病甚至死亡。

紧急接种应在疫区及周围受威胁区进行,其目的是建立"免疫带"以包围疫区,就地扑灭疫情,但这一措施必须与疫区的封锁、隔离、消毒等综合措施相配合才能取得较好的效果。

(五)扑杀和生物安全处理

扑杀指将被某疫病感染的动物(有时包括可疑感染动物)全部杀死并进行无害化处理,以彻底消灭传染源和切断传染途径。必要时宰杀直接接触或连同可能造成病原传播的间接接触动物,并采取隔离、消毒、销毁、无害化处理等相应措施。

生物安全处理是指通过用销毁、化制、掩埋或其他物理、化学和生物学等方法对病害动物及病害动物产品或附属物进行处理,以彻底消灭所带的病原体,达到消灭病害因素、保障人畜健康的目的。根据疫病种类不同,处理病死羊尸体及其产品或附属物的方法有销毁和无害化处理,在实际工作中应根据农业部制定的《病死及死因不明动物处置办法》和国家标准《病害动物和病害动物产品生物安全处理规程》的有关规定,结合实际情况及条件加以选择应用。在运送羊的尸体和病害产品时,应用密闭、不渗水的容器,卸载后必须要消毒。

1. 销毁　是指将羊尸体及其产品或附属物进行焚烧、深埋等处理，以彻底消灭它们所携带的病原体。凡确认为口蹄疫、痒病、蓝舌病、绵羊痘和山羊痘、绵羊梅迪-维斯纳病、山羊关节炎-脑炎、炭疽、狂犬病、羊快疫、羊肠毒血症、羊猝殂、肉毒梭菌中毒症、钩端螺旋体病(已黄染)、布鲁氏菌病的染疫羊以及其他危害人、畜健康的病害羊及其产品必须用密闭的容器运送至指定地点按下列方法处理。

(1)焚毁　将羊的整个尸体或其产品投入焚化炉或用其他方法烧毁炭化。

(2)掩埋　如果不具备焚毁的条件，则需挖深坑掩埋，但该法不能用于患有炭疽等芽孢杆菌类疫病以及痒病的染疫羊及产品、组织的处理。掩埋注意事项：第一，掩埋地应远离学校、公共场所、居民居住区、村庄、动物养殖和屠宰场所、饮用水源地、河流等地区；第二，掩埋前应对需要掩埋的病羊尸体和产品实施焚烧处理；第三，掩埋坑底铺 2 厘米厚生石灰；第四，掩埋后将掩埋土夯实，尸体上层应距地表 1.5 米以上；第五，焚烧后的病羊尸体或产品表面，以及掩埋后的地表环境应使用有效消毒药喷洒消毒。

2. 无害化处理

(1)化制　对于除了上述销毁处理的疫病以外的其他疫病的染疫羊的尸体或割除的组织器官应予以化制，方法有干化、湿化两种。

(2)消毒　对除了上述销毁处理的疫病以外的其他疫病的染疫羊的生皮、原毛以及未经加工的绒、蹄、骨、角等产品进行消毒处理，使之达到无害化。

思考题

1. 解释下列概念：动物疫病，传染病，寄生虫病，一类动物疫病,二类动物疫病,三类动物疫病,流行过程,传染源,传播途径,水平传播,垂直传播,间接接触传播,传播媒介,易感动物,散发性,地方流行性,流行性,暴发,大流行,防治,净化,隔离,病羊,疑似感染羊,假定健康羊,杀虫,免疫检测,药物预防,疫病监测,检疫,疫情,控制,扑灭,疫情报告,封存,封锁,疫区,疫点,受威胁区,扑杀,生物安全处理,销毁。

2.疫病流行过程具备哪三个环节?

3.疫病流行过程有哪几种表现形式?举例说明疫病流行的季节性和周期性特点。

4.哪类疫病发生后主要采取净化措施?净化措施包括哪些?

5.常用杀虫和灭鼠的方法有哪些?

6.一类、二类动物疫病发生后,采取什么措施?疫情控制与扑灭措施包括哪些?

7.执行封锁时应掌握哪些原则?封锁的具体措施有哪些?

8.如何对疫点、疫区进行消毒?

9.紧急接种时需要注意哪些问题?

10.哪种情况下应对羊只果断进行扑杀?羊发生哪些疫病时须做销毁处理?掩埋时应注意哪些事项?

第七章 羊常见疫病的诊断与防控技术

疫病诊断是通过对病例的观察和检查而对疫病的病因和病性做出的判断。及时而正确的诊断是疫病防制工作的关键和首要环节，它关系到能否正确制定有效的控制措施。正确的诊断来自于正确的策略、完善的方案、可靠的方法和先进成熟的技术。因此，当羊群发生疫病后，应该全面系统掌握各方面的材料、信息、数据和检测结果，对疫病做出准确诊断。并在此基础上，综合各种因素，制定出切实可行的防控措施。进而运用适当的疫病防控技术和手段，迅速有效地将疫情控制和扑灭。

一、羊常见传染病的诊断与防控技术

(一) 炭 疽

炭疽是由炭疽杆菌引起的一种人兽共患的急性传染病，临床上以体温升高、腹胀、腹痛、体表炎性肿胀、天然孔出血、中毒性休克为特征。

1. 病原 为炭疽杆菌，是一种革兰氏阳性的粗大菌体，菌体两端平截，似竹节状。无鞭毛，不能运动，在动物体内或含血、血清及碳酸氢钠的培养环境中形成荚膜。在外界环境中或氧气充足、12℃～43℃的人工培养基中易形成芽孢。芽孢为椭圆形，位于菌体中央，小于菌体宽度。炭疽杆菌繁殖体抵抗力不强，但芽孢的生活力极强，在干燥土壤中可存活 60 年之久，在污染的草原可存活 40 年，在污水中和羊皮上可存活多年。直射阳光 100 小时、煮沸 30 分钟、120℃高压蒸汽灭菌 15 分钟或 140℃干热 3 小时可杀灭芽孢。

2. 诊断要点 根据流行病学特征、临床表现可以做出初步诊断，确诊一般采用病原学诊断和血清学方法。

(1)流行特点 羊易感性高。病羊是主要传染源，病死羊的粪便、内脏、皮毛、血液等污染土壤、河水、池塘等，可成为长久疫源地。健康羊摄入被污染的牧草、饲料或饮水而感染。此外，也可经呼吸道、皮肤伤口或吸血昆虫叮咬而感染。常年发病，但夏季较多。一般为散发或地方流行性，但在一定条件下，可呈流行性。

(2)临床症状 羊感染后多为最急性经过，表现高热(41℃以上)，严重精神沉郁，可视黏膜呈深红色至紫色，食欲消失，舌、喉、两肋以及肛门和外阴周围肿胀。常见病羊突然倒地，意识丧失，黏膜发绀，全身战栗，呼吸促迫，心悸亢进，磨牙吐沫，口鼻流出混血的泡沫，肛门和阴户流出暗红色血液，骤然死亡，尸僵不全，病程常常在1小时之内。

(3)病理变化 尸体迅速腐败，高度膨胀，天然孔流出黑红色煤焦油状液体，血液凝固不良，尸僵不完全，黏膜呈紫红色，常有出血点。严禁解剖炭疽病死羊只。

(4)实验室诊断 于死前或死后不久羊的耳尖采取血液涂片，美蓝或瑞特氏染色镜检，可见带有荚膜的革兰氏阳性大杆菌，单个或呈短链存在，菌体两端平截，呈竹节状。有条件的实验室可进行细菌分离鉴定、动物接种试验、阿斯科利氏环状沉淀试验。

3. 防控措施

(1)预防 常发区或受威胁区，每年必须坚持1～2次预防接种。常用疫苗有无毒炭疽芽孢苗和Ⅱ号炭疽芽孢苗。

(2)控制 发现病羊或可疑羊，立即采取隔离、封锁、上报疫情等措施，用20%漂白粉溶液或10%热氢氧化钠溶液对病羊到过的地方和接触过的用具进行消毒。深埋或焚烧病羊的尸体、排泄物和污物(垫料、饲料、表层土等)。搬运尸体必须用密闭的工具。查明病因，如系饲料传染，应立即调换，禁止在危险场地放牧。对未表现症状的羊，肌内注射青霉素，1 万单位/千克体重，每日 2 次，连用 3 天。加强工作人员的防护工作。

（二）羔羊大肠杆菌病

羔羊大肠杆菌病俗称羔羊白痢，是由大肠杆菌引起羔羊的一种急性传染病，以败血症和剧烈腹泻为特征。

1. 病原　大肠杆菌又称大肠埃希氏菌，革兰氏阴性，无芽孢，周身有鞭毛。对外界不利因素的抵抗力不强，60℃保持 15 分钟即死亡，一般常用的消毒剂均能将其杀死。

2. 诊断要点　根据流行特点、症状和病变可做出初步诊断。确诊需做病原分离和鉴定。

（1）流行特点　发生于数日到 6 周龄的羔羊，多发生于出生后 1～4 天，3～8 月龄的羊也有发生。主要经消化道感染，羔羊吸吮母羊不干净的乳头、接触病羊和不卫生的环境均可感染；少数由子宫内感染，或经脐带和损伤的皮肤感染。多见于冬春季舍饲时期，放牧季节少发。常呈地方流行性或散发。本病的发生与气候不良、营养不足、场圈潮湿污秽等有关。

（2）临床症状　潜伏期 1～2 天，分为败血型和肠炎型。

①败血型：主要见于 2～6 周龄的羔羊。病羔体温高达41℃～42℃，精神委顿，结膜充血，呼吸浅表，并呈现明显的神经中枢紊乱症状，如四肢僵硬、运动失调、视力障碍，继而倒地磨牙，头后仰，一肢或数肢表现划水状。多于发病后 4～12 小时死亡。

②肠炎型：主要发生于 7 日龄内的羔羊，以下痢为主要特征。粪便稀薄、呈泡沫状、恶臭，起初呈黄色，继而变为淡灰白色，含有乳凝块，严重时混有血液。后期衰弱，委顿，食欲废绝，卧地不起，如不及时救治，24～36 小时死亡。病初体温升高至 41℃左右，后降至正常，临死前降至 36℃左右。

(3)病理变化

①败血型:胸、腹腔和心包腔大量积液,内有纤维蛋白。关节尤其是肘关节和腕关节肿大,滑液浑浊,内含纤维素性脓性絮片。脑膜充血、出血。

②肠炎型:主要为急性胃肠炎变化,胃肠充满乳状内容物,黏膜充血、有出血点。肠系膜淋巴结肿大,有散在的出血点。

(4)实验室诊断　败血型病例,可从身体各部分离到病原菌,静脉注射于数日龄的羔羊,可引起发病,但 3 月龄的羔羊不受感染。肠炎型病例,可从肠管各部分离到病原性大肠杆菌,而从其他组织查不到大肠杆菌。

3. 防控措施

(1)预防　加强妊娠羊的饲养管理,供给充足的维生素和矿物质,给予定期运动;严格遵守临产母羊和新生羔羊的卫生制度,对产栏和器具用 3%～5%甲酚皂溶液消毒,并保持清洁;注意羔羊的保暖;接种羊大肠杆菌病疫苗进行预防。

(2)控制　隔离病羔。用土霉素、磺胺类药物进行治疗,土霉素按每日 20～50 毫克/千克体重,分 2～3 次口服,或按每日 10～20 毫克/千克体重,分 2 次肌内注射。20%磺胺嘧啶钠 5～10 毫升,肌内注射,每日 2 次。病情好转时,应用微生态制剂,如促菌生等加速恢复胃肠道功能,此时不可用抗菌药物。必要时对症治疗,如为了减轻疝痛,可用泄剂(液状石蜡或植物油)和阿片制剂(如复方樟脑酊)减轻疝痛;衰弱时可强心;脱水时,可做静脉输液,恢复电解质平衡。凡病羊接触过的畜栏、地板、墙壁和排水管等,须清扫和彻底消毒。

(三)绵羊巴氏杆菌病

巴氏杆菌病主要是由多杀性巴氏杆菌引起的。绵羊主要表现为败血症和肺炎,故又称为绵羊出血性败血病。

1. 病原　多杀性巴氏杆菌是一种革兰氏阴性短杆菌，无鞭毛，无芽孢，多单个存在。新分离的强毒株具有宽厚的荚膜，培养后荚膜迅速消失。病料涂片，瑞氏、姬姆萨或美蓝染色时可见菌体呈明显的两极着色。病菌一般存在于病羊的血液、内脏器官、淋巴结、病变局部组织和一些外表健康动物的上呼吸道黏膜及扁桃体内。本菌抵抗力较弱，常用的消毒液可将其杀死。

2. 诊断要点　根据流行病学特点、临床症状和病理变化可初步做出诊断，做病原学鉴定即可确诊。

(1)流行特点　绵羊以2～12月龄羔羊多发，断奶期间更易感染，山羊不易感。病羊和带菌羊是传染源。病原随分泌物、排泄物排出体外，经呼吸道、消化道和损伤的皮肤感染健康羊。病菌常存在于健康羊的呼吸道，当羊的抵抗力减弱时引起发病。本病多发于晚夏和早秋。

(2)临床症状　根据病程长短可分为四种类型。

①最急性型：多见于哺乳羔羊。病羊无特殊症状，常突然死亡。

②急性型：病羊体温升高至41℃～42℃以上，精神委顿，食欲减退，腹痛，肌肉震颤。呼吸困难，咳嗽，鼻孔常有出血，有时混有黏性分泌物。眼结膜潮红，有黏性分泌物。初期便秘，后腹泻，有时粪便为血水。颈部、胸下部水肿。常因严重腹泻而虚脱致死，病程2～5天。

③亚急性型：病羊衰弱，咳嗽，体温升高，消化紊乱。眼、鼻初流黏性液体，后变为脓性。常伴有急性肺炎，胸膜肺炎或肠炎症状。发生肠炎时排泄物初为绿色，渐呈深红色、恶臭。病羊消瘦，不久即死亡，病程1～3周。

④慢性型：病羊咳嗽频繁，喘气，眼、鼻有脓性黏液流出，逐渐消瘦。腕关节和肘关节肿胀，蹄部有脓性炎症，故常跛行。食欲降低或停食，体重显著减轻。

(3)病理变化　皮下结缔组织有出血和胶性浸润。肝脏有坏死灶。肠胃黏膜有出血性炎症。胸腔有清亮或浊黄色液体。肺淤血或有小点状出血和肝变,偶见有黄豆大至胡桃大化脓灶,有时有深棕红色肺炎区。淋巴结肿大,切面呈湿润的红色。心脏有淤血斑。其他脏器水肿或淤血,间有小出血点。

(4)实验室诊断　采取淋巴结、肝、肺、血液等涂片,碱性美蓝或瑞氏液染色后镜检,观察有无两极着色的卵圆形小杆菌。也可从病料中分离病原,或将病料接种动物后分离病原,鉴定后做出诊断。

3. 防控措施

(1)预防　加强羊群饲养管理,消除各种诱因,避免羊只受寒,做好环境消毒。本病多发地区可用疫苗接种预防。

(2)控制　发病时将病羊隔离,加强护理。羊舍用5%漂白粉溶液或10%石灰乳彻底消毒。选用链霉素、庆大霉素、四环素、土霉素或磺胺嘧啶钠治疗,如用青霉素,每只羊每次用80万～160万单位,直到体温下降,食欲恢复为止。必要时用菌苗紧急免疫接种。

(四)羊坏死杆菌病

坏死杆菌病是由坏死梭杆菌引起的一种人兽共患慢性传染病。其特征为组织坏死,多见于皮肤、皮下组织、口腔和消化道。

1. 病原　坏死梭杆菌为革兰氏阴性的专性厌氧菌,无鞭毛,无荚膜,无芽孢,菌体具多形性,在病灶组织和早期培养物中多呈长丝状。幼龄培养物着色均匀,超过24小时的培养物,着色不均匀,犹如串珠状。本菌抵抗力不强,一般消毒剂均可将其杀死。

2. 诊断要点

(1)流行特点　多种畜禽可感染,绵羊最易感,1～4月龄羔羊发病较多。病原随病畜和带菌动物的粪便以及患部的渗出物、分泌物等污染环境，经损伤的皮肤和黏膜感染健康羊。本病多发于多雨潮湿和炎热季节，呈散发或地方流行性。

(2)临床症状 病菌常侵害蹄部，有时波及下肢关节。病初羊发生跛行，一侧蹄间隙、蹄和蹄冠红肿、热痛，后溃烂，挤压肿烂部有发臭的脓样液体流出。进而波及腱、韧带和关节，有时蹄匣脱落。绵羊羔可发生唇疮，在鼻、唇、眼部甚至口腔发生结节和水疱，随后结成棕色痂皮。重症病例若治疗不及时往往死于内脏形成的转移性病灶。

(3)病理变化 肝脏质地变硬，均匀散布着灰白色蚕豆大至胡桃大的坏死灶，周围有红晕。肺脏实变，有大小不等的白色坏死灶，有的切面呈脓样或干酪样，有的切面干燥，且常和胸壁粘连，形成坏死性胸膜炎和心包炎。心肌散在有米粒大的白色圆形坏死灶。瘤胃有坏死灶，其病变似豆腐渣样，周围被高出的上皮包围着。有些病例，坏死灶甚至涉及胸骨、气管和喉头等处。

(4)实验室诊断 从病灶与健康组织交接处取材涂片，染色镜检，发现该菌即可做出诊断。必要时可将上述病料制成悬液，耳静脉接种兔子，常在1周内死亡，内脏中有坏死性脓疡。从病灶中分离细菌可确诊。

3. 防控措施

(1)预防 加强饲养管理，避免皮肤、黏膜损伤，保持羊舍、环境用具的清洁与干燥，正确配合饲料和科学饲养。牧场注意排水，及时清理场地上的粪便、污水。羊只分娩之前，将圈舍打扫干净、消毒，垫以清洁新鲜的干草。羔羊出生后，用碘酊消毒脐带。

(2)治疗 一旦发病，检查、隔离并治疗病羊。羊群可通过10%～30%硫酸铜溶液脚浴池，每日1～2次，连用3天。对腐蹄病应彻底清除患部坏死组织，用1%高锰酸钾溶液冲洗，在蹄底孔或洞内填塞磺胺粉或高锰酸钾粉，软组织可涂抹磺胺软膏或抗生素软膏，绷带包扎后再以熔化的柏油涂布以防污水深入创内。对口疮病例，先除去伪膜，再用0.1%高锰酸钾溶液冲洗后涂抹碘甘油，每日2次至痊愈。割除的患部腐败组织、创伤液应及时销毁，被污染的用具进行消毒，污染场地铲土消毒。当发生转移性病灶时，应进行全身治疗。

（五）羊链球菌病

羊链球菌病是由链球菌引起的一种急性、热性、败血性传染病，特征为全身性出血性败血症、卡他性肺炎与纤维素性胸膜肺炎。

1. 病原 羊败血性链球菌为革兰氏阳性，无鞭毛，无芽孢，有荚膜。在血液或脏器等病料中多呈双球形，少数呈单个或短链。在固体培养基上多呈双球形，液体培养基呈长链状。本菌对外界抵抗力强，但消毒剂可迅速将其杀死。

2. 诊断要点 根据发病情况和剖检变化可以做出初步诊断，细菌学检查可以进一步确诊。

（1）流行病学 羊易感，绵羊更易感。病羊和带菌羊是主要传染源，主要经呼吸道排出细菌造成新的传染。本病常呈地方流行性或散发，多在冬春季节发生。严寒、天气骤变和饲养管理不良等多种因素均可促进本病的发生和流行。

（2）临床症状 潜伏期2～5天。最急性的24小时内死亡，不易看出症状。急性的2～3天死亡，病羊体温升高到41℃以上，精神不振，头颈低垂，背腰拱起，呆立，厌食，咳嗽，颌下淋巴结肿大，咽喉肿胀，呼吸困难，流鼻涕，多因窒息而死。慢性病例体温高低不定，多轻度发热，消瘦，精神不振，嗜睡，食欲减退或废绝，有的口腔黏膜潮红，流涎，流鼻涕，咳嗽。有些出现关节炎、肠炎症状，粪便带血，病程可持续1月以上。妊娠羊可能流产。

（3）病理变化 尸僵不明显，特征病变是脏器的广泛出血，淋巴结肿大、出血。咽喉、气管黏膜出血。肺脏水肿、出血，出现肝变区。胸腹腔和心包积液。咽背淋巴结、肩前淋巴结和纵隔淋巴结肿大、出血、坏死。心内膜、心外膜有小点出血。胆囊肿大2～4倍，胆汁外渗。

(4)实验室诊断　采取血液或组织涂片染色镜检时，发现有革兰氏阳性、带荚膜的球菌，多以双球形存在，很少有单个存在，偶见由4～5个菌体形成的短链，可进一步分离鉴定。

3. 防控措施

(1)预防　加强饲养管理，改善卫生条件，修理棚圈，防风、防寒冻，避免拥挤；圈舍每年春秋季用2%氢氧化钠溶液消毒。禁止从疫区引进羊及羊产品。3月份和9月份用羊链球菌病疫苗进行2次预防接种。

(2)控制　发生疫病时，立即隔离、封锁，彻底消毒圈棚，焚烧粪便。对未发病羊注射抗羊链球菌血清40毫升，具有良好的预防效果。也可肌内注射10%磺胺嘧啶钠注射液30毫升，每日2次，连用4天；或内服磺胺嘧啶，每次5～6克(小羊减半)，用药1～3次；或内服复方新诺明，25～30毫克/千克体重，每日2次，连用3天；或用青霉素80万～160万单位/千克体重、链霉素60万～100万单位/千克体重、复方氨基比林20毫升/千克体重，每日肌注2次，连用4天。最后1只病羊痊愈或死亡后1个月，经过彻底消毒，才能解除封锁。

(六)羊李氏杆菌病

李氏杆菌病是一种人兽共患传染病，临床特征是病羊神经系统紊乱，表现转圈运动、面部麻痹，妊娠羊可能流产。

1. 病原　产单核细胞李氏杆菌为革兰氏阳性小杆菌，无荚膜，无芽孢，有周身鞭毛，在抹片中单个存在，或两个排成“V”形，或互相并列。生长温度范围广，pH5～9.6均能生长。对食盐耐受性强，对热的耐受性比大多数无芽孢杆菌强，65℃经30～40分钟才能被杀死，一般消毒剂均可使其灭活。

2. 诊断要点

(1)流行特点　绵羊较山羊易感，通过消化道、呼吸道和损伤的皮肤而感染。通常呈散发性，发病率低，但病死率很高。

(2)临床症状　病羊短期发热，精神沉郁，食欲减退，多数病例表现脑炎症状，如转圈、倒地、四肢做游泳姿势，颈项强直，角弓反张，颜面神经麻痹，咽麻痹，昏迷等。妊娠羊可发生流产。羔羊多因急性败血症而迅速死亡。

(3)病理变化　剖检一般没有特殊的肉眼可见病变。有神经症状的病羊，脑及脑膜充血、水肿，脑脊液增多、稍浑浊。流产母羊都有胎盘炎，表现子叶水肿、坏死。

(4)实验室诊断　取血液、肝、脾、肾、脑脊髓液、脑的病变组织等触片或涂片，革兰氏染色镜检。如有革兰氏阳性，呈"V"形排列或并列的细小杆菌，可做出初步诊断。病料接种于0.5%～1%葡萄糖血琼脂平板上，获得纯培养物后，通过革兰氏染色、协同溶血试验、动力试验、生化特性检查和血清学试验，即可确诊。荧光抗体染色可迅速鉴定本菌。另外，培养物也可用家兔或豚鼠的滴眼感染试验进行鉴定。

3. 防控措施

(1)预防　加强饲养管理，注意清洁卫生，消灭啮齿动物，不从疫区引进羊只。

(2)控制　将病羊隔离治疗，早期大剂量应用磺胺类药物有良好的治疗效果，对有神经症状病羊进行对症治疗。病羊尸体要深埋，并用5%甲酚皂溶液对污染场地进行消毒。

(七)羊伪结核病

羊伪结核病又称羊干酪样淋巴结炎，是由伪结核棒状杆菌引起的绵羊和山羊的一种慢性传染病。

1. 病原　伪结核棒状杆菌是一种具多形性的杆菌，无芽孢，不能运动，革兰氏阳性。本菌对干燥有抵抗力，但对热和多种消毒剂敏感。

2. 诊断要点

(1)流行特点　主要侵害2～4岁的山羊，以母羊占多数。患病和带菌动物是传染源。主要经伤口感染，少数由消化道、呼吸道感染。

(2)临床症状　病害常局限于淋巴结。肩前、股前和头颈部的淋巴结肿大。母羊流产，公羊有化脓性睾丸炎，病死率较高。若体内淋巴结和内脏受害，病羊食欲减退，逐渐消瘦、衰弱、呼吸加快，最后陷于恶病质而死亡。

(3)病理变化　淋巴结肿大，呈化脓性、干酪性坏死。有的病例在肝、肺、脾、肾等器官有大小不等的结节，内含淡黄色的干酪样物。

3. 防控措施

(1)预防　注意环境清洁卫生，对皮肤损伤要及时治疗。对有本病存在的羊群，剪毛之前先消毒剪毛场所和用具。

(2)控制　羊群一旦出现本病，应彻底消毒羊舍，对羊只的伤口和羔羊的脐带都应严格消毒处理。对体表出现化脓性、干酪性淋巴结炎的病羊，早期应用青霉素治疗。

(八)布鲁氏菌病

布鲁氏菌病是由布鲁氏菌引起的一种人兽共患传染病，经常接触病羊的人最容易感染本病。

1. 病原　布鲁氏菌属有6个种，即马尔他布鲁氏菌、牛流产布鲁氏菌、猪布鲁氏菌、绵羊布鲁氏菌、犬布鲁氏菌和林鼠布鲁氏菌。本菌为革兰氏阴性小杆菌，两端钝圆，无芽孢和荚膜。在自然条件下本菌抵抗力强，在水和土壤中能够生存60～100天，但在100℃高温下数分钟死亡。普通消毒药均可很快将其杀死。本菌对四环素最敏感，链霉素、土霉素、庆大霉素、卡那霉素等次之，而对青霉素和林可霉素有很强的抵抗力。

2. 诊断要点 本病除母畜流产外，流行病学、临床症状和病理变化等无明显特征，确诊必须进行实验室诊断。

(1) 流行特点 绵羊、山羊均可感染，母羊较公羊易感，性成熟后极为易感，妊娠期最容易感染。病羊可由粪便、尿液、乳汁、流产物、死胎或不健康的胎儿排出病原。羊只通过消化道、交配、皮肤和黏膜而感染。

(2) 临床症状 羊群一旦感染，常以流产为主要症状，多在妊娠后3～4个月。一般为隐性经过，只是妊娠后易流产。羊群感染后流产率可达30%～40%，其中有7%～15%的死胎。流产后常并发子宫内膜炎、关节炎、滑膜炎（主要为腕关节和跗关节）、结膜炎、角膜炎和乳房炎等。由于流产而引起的不孕占10%～20%。公羊患病后可能发生睾丸炎、附睾炎、关节肿胀和不育。

(3) 实验室诊断 当羊群内发现有流产且怀疑为布鲁氏菌病时，应进行实验室诊断，采取流产胎儿的胃内容物和胎衣做细菌的镜检和培养。也可用凝集反应或补体结合反应等血清学方法诊断，以后者比较可靠。

3. 防控措施 有效防控措施是检疫、隔离、控制传染源、切断传播途径、培养健康羊群和免疫接种。

(1) 预防 免疫接种是预防本病的有效方法之一，应连续数年对所有羊只进行免疫注射，直到羊群的发病率大大减少。常用布鲁氏菌病活疫苗。定期对羊群进行检疫，做过产地检疫的，还须做好复检工作，防止带入病羊，检出的阳性羊应立即扑杀。分娩时产房严格消毒。

(2) 控制 发病后应采取如下措施：扑杀病羊和经试管凝集或平板凝集检疫的阳性和可疑羊只。对病羊污染的牧场、水源、圈舍和饲料等，用10%漂白粉溶液、3%甲酚皂溶液或20%石灰乳彻底消毒。病羊粪便做无害化处理,病羊的胎衣和流产胎儿应烧毁或深埋。

(九)破伤风

破伤风又名锁口风,是由破伤风梭菌经伤口感染引起的一种急性中毒性传染病。以骨骼肌持续性痉挛和神经反射兴奋性增高为特征。

1. 病原　破伤风梭菌又称强直梭菌,为革兰氏阳性的大型厌氧杆菌,多单个存在。在动物体内外均能形成芽孢,芽孢位于菌体一端,似鼓槌状或球拍状。多数菌株有周鞭毛,不形成荚膜。破伤风梭菌可产生痉挛毒素、溶血毒素和非痉挛毒素。其繁殖体的抵抗力不强,一般消毒剂能将其杀死。但芽孢抵抗力很强,耐热,在土壤中可存活几十年;10%碘酊、10%漂白粉溶液和30%过氧化氢溶液能很快将其杀死。

2. 诊断要点　根据本病的特殊临诊症状以及有创伤史,即可确诊。轻症病例和病初症状不明显者,应与马钱子中毒、癫痫、脑膜炎、狂犬病、风湿病等相区别。

(1)流行特点　多发生于新生羔羊,绵羊比山羊多见。主要经伤口感染,如断脐、去势、断尾、去角或其他外伤而引起。母羊多发生于产死胎和胎衣不下的情况下,或难产助产中消毒不严所致。也可经胃肠黏膜损伤感染。

(2)临床症状　潜伏期多为5～20天,成年羊病初症状不明显,后期出现全身性强直症状,瘤胃臌气,严重者无法迈步。羔羊角弓反张,伴有腹泻,病死率高达100%。

(3)病理变化　尸体无特殊变化,仅见神经组织有淤血和小点出血,有的病例心肌有脂肪变性,骨骼肌萎缩呈灰黄色。

3. 防控措施

(1)预防　在常发区,对羊群定期接种破伤风类毒素。加强饲养管理,注意环境卫生。重视接产时的消毒,对脐带断端认真涂抹碘酊。防止羊只受伤,一旦发生外伤,要及时处理,防止感染;手术时要注意器械的消毒和无菌操作;对一切手术伤口,包括剪毛伤、断尾伤和去角伤等,均应注意消毒。

(2)控制　发病后加强护理,尽量消除刺激原。彻底清除伤口的脓液和坏死组织,用1%高锰酸钾溶液、3%过氧化氢溶液或5%~10%碘酊严格消毒。早期用抗生素或磺胺类药物治疗。为中和毒素,可肌内或静脉注射大量破伤风抗毒素。为缓解痉挛,可肌内注射25%硫酸镁溶液,每日1次,每次10~20毫升,分点注射。对于牙关紧闭的羊,可将3%盐酸普鲁卡因溶液5毫升和0.1%肾上腺素注射液0.2~0.5毫升混合,注入咬肌。此外,还可用散风活血解表剂如千金散、防风散等中药方剂治疗。

(十)羊快疫

羊快疫是由腐败梭菌引起的,特征为病程急剧、皱胃炎性出血。

1. 病原　腐败梭菌为革兰氏阳性大杆菌,常单个或成对存在,亦可形成长链。血液或脏器涂片,可见单个或2~5个菌体相连的短链,有时呈无关节的长丝状,尤其在肝被膜触片中更易发现无关节长丝状形态结构。无荚膜,在体内外均能产生芽孢,可产生多种外毒素。腐败梭菌通常以芽孢体形式散布于自然界,特别是潮湿、低洼或沼泽地带。

2. 诊断要点

(1)流行特点　本病以6~18月龄、营养较好的绵羊多发,山羊较少发病。主要经消化道感染。在被污染的场地放牧或羊只采食了污染的饲料和饮水,都可发生感染。很多能够降低羊只抵抗力的因素,如受到寒冷的影响,采食冰冻带霜的饲料,受绦虫的侵袭等,都可能促进本病的发生。本病以散发为主,发病率低,但死亡率高达30%左右。

(2)临床症状　本病的潜伏期仅数小时，羊往往突然发病，10～15分钟内迅速死亡，常见在放牧时死于牧场或早晨发现死于圈舍内。病程缓慢者可延长到2～12小时，主要表现食欲废绝，离群静卧，不愿走动，运动失调，呼吸困难，昏迷，衰竭而死。

(3)病理变化　羊尸体极度膨胀、迅速腐败。特征性表现为真胃出血性炎症，胃底部和幽门部黏膜可见大小不等的出血斑点和坏死区，黏膜下发生水肿，此种变化有时亦见于十二指肠。体腔积液。胆囊多肿胀。

(4)实验室诊断　采集心血和肝、脾等脏器涂片，瑞氏或美蓝染色后镜检，可见两端钝圆、单个或短链状的粗大杆菌，还可见无关节的长链状菌体链，尤其在肝脏触片中最为明显。本菌的分离用厌氧培养法，从病料中分离到本菌时，尚需结合临床发病情况、病理变化及取材分离的时间和动物试验进行综合分析和判断以确诊。

3. 防控措施

(1)预防　流行区，接种羊快疫、羊猝殂、羊肠毒血症三联苗，或接种羊快疫、羊猝殂、羊肠毒血症、羊黑疫和羔羊痢疾五联苗。加强饲养管理，防止严寒袭击，不在污染地区和沼泽地带放牧。

(2)控制　发病时应采取如下措施进行扑灭：扑杀病羊，焚毁或深埋病死羊尸体，病羊的粪便和污染的泥土一律深埋；对尚未发病羊群进行紧急接种；圈棚用3%～5%热氢氧化钠溶液浇洒2次，每次相隔1小时；更换污染的牧场和饮水，将羊群转移到高燥牧地或草场。

(十一)羊肠毒血症

羊肠毒血症是由D型产气荚膜梭菌在羊肠道内大量繁殖，产生毒素所致绵羊的一种急性毒血症。

1. 病原　产气荚膜梭菌又称魏氏梭菌，为革兰氏阳性厌气粗大杆菌，无鞭毛。在羊体内能形成荚膜。芽孢位于中央或略偏于一侧。根据毒素-抗毒素中和试验，本菌可分为 A、B、C、D、E、F 六型，本病由 D 型菌引起。

2. 诊断要点 根据本病的特点和剖检变化，可以做出初步诊断。确诊必须做实验室检查，重点是细菌的分离和肠道内容物中毒素的鉴定。

(1)流行特点　绵羊和山羊都可感染，但绵羊多发。发病多为膘情较好的羊只，1 岁以下的幼龄羊只较为多见。羊只常因采食了被病原菌污染的饲料和饮水而经消化道感染。在牧区多发生于春末至夏初青草萌发和秋季牧草结籽后的一段时期，在农区则常常发生于收菜季节。本病多呈散发，在一个羊群内的流行时间多为 1～2 个月。

(2)临床症状　本病发生突然，迅速死亡，很少见到症状。病程稍长的病例，一类以抽搐为特征，表现为倒毙前四肢强烈划动，肌肉震颤，眼球转动，磨牙，流涎，随后头颈显著抽搐，往往 2～4 小时死亡。另一类以昏迷和静静死去为特征，表现精神沉郁，步态不稳，随后倒地，感觉过敏，流涎，磨牙，继之昏迷，角膜反射消失，有的病羊腹泻，通常在 3～4 小时静静死去。

(3)病理变化　尸体迅速腐败，腹部膨大。剖检病变主要限于消化道、呼吸道和心血管系统。小肠和回肠黏膜充血、出血，严重者整个肠段呈血红色。肝脏肿大，胆囊增大 1～3 倍。肺脏充血、水肿。心脏扩张，心肌松软，心内、外膜出血。肾脏充血、肿大，软化如脑髓样，触压时易朽烂。

(4)实验室诊断　取小肠内容物、病变明显组织和腹腔渗出液进行细菌学检查。从肠内容物检验有无细菌毒素的存在。

3. 防控措施

(1)预防　在常发区，应在舍饲管理的后期用羊梭菌病三联苗或五联苗进行预防接种。免疫过的妊娠母羊，可使羔羊获得 5 周免疫力，5 周后羔羊应进行五联苗预防接种。加强饲养管理，保持环境卫生，避免本病诱因的影响。

(2)控制　发病后，扑杀病羊后销毁。对被污染环境和用具进行严格消毒。其他羊更换圈舍，转移到高燥地放牧。

(十二)羊猝狙

羊猝狙是由C型产气荚膜梭菌引起的一种毒血症，以急性死亡、腹膜炎和溃疡性肠炎为特征。

1. 诊断要点

(1)流行病学　本病常发生于成年绵羊，以1～2岁绵羊多发。主要经消化道感染。常与羊快疫混合感染。多见于早春和秋季。常流行于低洼潮湿地区，呈地方流行性或散发性。

(2)临床症状　因病程短促，死亡很快，一般很少看到症状。有时可见病羊体温升高，掉队，卧地，腹痛，表现不安、昏迷、衰弱和痉挛，于数小时内死亡。

(3)病理变化　主要病变为出血性肠炎，十二指肠和空肠黏膜严重充血、糜烂，有些区段可见大小不等的溃疡。肠系膜淋巴结有出血性炎症。胸、腹腔和心包大量积液。死后骨骼肌间积聚血样液体，肌肉出血，有气性裂孔，似海绵状。

(4)实验室诊断　参考羊肠毒血症。

2. 防控措施　参考羊肠毒血症。

(十三)羔羊梭菌性痢疾

羔羊梭菌性痢疾习惯上称为羔羊痢疾，是由B型产气荚膜梭菌引起的新生羔羊的一种急性毒血症，以剧烈腹泻和小肠发生溃疡为特征。

1. 诊断要点

(1)流行病学　主要危害7日龄内的羔羊，以2～3日龄的羔羊发病最多。消化道为主要感染途径，也可经脐带或伤口传染。

气候变化剧烈、产房不洁或过冷，以及母羊和羔羊体质衰弱等，特别是气温骤变和环境潮湿，都容易促使本病的发生。通常纯种羊发病率和死亡率最高，改良羊则介于纯种羊与土种羊之间。

(2)临床症状　病初羔羊精神委靡，不吃奶，腹壁紧张，触之有痛感。继而发生粥状或水样腹泻，粪便恶臭。严重时粪便带血，甚至全为血液，经1～3天衰竭死亡。有些病例腹胀而不泻，或排出带血稀粪，呼吸促迫，黏膜发紫，口流白沫，头后仰，最后昏迷，经数小时至十几小时而死亡。

(3)病理变化　皱胃内有未消化的乳凝块。小肠(尤其回肠)黏膜充血发红，常可见有直径1～2毫米的溃疡，溃疡周围有出血带环绕。急性病例肠内容物混有血液。肠系膜淋巴结肿胀，充血或出血。心包积液、心内膜有出血点。肺常有充血区或淤斑。

(4)实验室诊断　从新鲜尸体采取回肠内容物、肠系膜淋巴结和肝脏、心血等，进行细菌和毒素检验。

2. 防控措施

(1)预防　加强饲养管理，增强妊娠羊体质，适时抓膘保膘，使胎羔发育良好，出生健壮。产羔期注意卫生消毒和护理，接羔时特别注意消毒和新生羔羊保暖，及时给羔羊哺以新鲜、洁净的初乳。调整配种季节，避开在最冷的时期产羔。发病地区每年秋季注射羔羊痢疾苗或五联苗，母羊产前10～20天再接种1次可使新生羔羊获得足够的母源抗体。羔羊出生后4小时之内皮下注射抗羔羊痢疾血清4～5毫升，具有一定效果。也可于羔羊出生后12小时内口服土霉素，每次0.15～0.2克，每日1次，连用3～5天。

(2)控制　一旦发病，迅速隔离病羔，污染的环境和用具彻底消毒。早期治疗可用抗羔羊痢疾血清，亦可将土霉素0.2～0.3克、胃蛋白酶0.2～0.3克用水调后灌服，每日2～3次，连服2～3天。也可用微生态制剂拌料或口服。同时，进行对症施治，如强心补液、解痉镇静、调理胃肠功能、保持电解质平衡等。若发病羔羊很少，将其扑杀，以免扩大传播。

(十四)羊黑疫

羊黑疫是由B型诺维氏梭菌引起的绵羊、山羊的一种急性致死性毒血症。以肝实质发生坏死性病灶为特征，又称传染性坏死性肝炎。

1. 病原　诺维氏梭菌为革兰氏阳性大杆菌，严格厌氧，可形成芽孢，无荚膜，具周身鞭毛。通常分为A、B、C型，其中B型菌能产生5种外毒素，引起本病。

2. 诊断要点

(1)流行病学　本病可发生于1岁以上的绵羊，以2～4岁、营养好的绵羊多发，山羊也可发病。感染途径为消化道。凡肝片吸虫流行的地区，常有此病流行。本病主要发生于低洼、潮湿地区，以春夏季多发。

(2)临床症状　病羊多未见症状突然死亡。有些病羊表现为精神不振，掉群，喜卧，一小时内昏迷死亡。少数病例可拖延1～2天，表现食欲废绝，精神沉郁，反刍停止，呼吸促迫，体温升高至41.5℃，常昏睡俯卧而死。

(3)病理变化　皮下静脉显著淤血，使羊皮呈暗黑色外观(黑疫之名由此而来)。皱胃幽门部、小肠黏膜充血、出血。肝表面或内面有一个或数个略带圆形的直径为2～3厘米的凝固性坏死区，界限清楚，呈黄白或灰黑色，周围有鲜红色充血带围绕，切面呈半月形。

(4)实验室诊断　采集肝脏坏死灶边缘与健康组织相邻的肝组织，或取脾脏、心血等材料，染色后镜检。也可用卵磷脂酶试验检查病料组织中B型诺维氏梭菌毒素。

3. 防控措施

(1)预防　流行区应做好肝片形吸虫病的防治工作。常发区定期接种羊梭菌病五联苗，或接种羊黑疫、羊快疫灭活菌苗。

(2)控制　发病时将健康羊群转移到高燥地区。用抗诺维氏梭菌血清进行早期预防，每只羊皮下或肌内注射 10～15 毫升，必要时重复 1 次。病程稍缓的羊，每只肌内注射青霉素 80 万～160 万单位，每日 2 次，连用 3 天；或于发病早期静脉或肌内注射抗诺维氏梭菌血清 50～80 毫升，必要时可重复用药 1 次。

(十五)羊衣原体病

羊衣原体病是由鹦鹉热亲衣原体引起羊的一种以流产、结膜炎、多发性关节炎和肺炎为特征的传染病。

1. 病原　鹦鹉热亲衣原体属衣原体科、亲衣原体属。衣原体只能在宿主细胞内增殖，具感染性称为原体；细胞内无感染性的称初体。本菌为球形或卵圆形小体，革兰氏染色阴性，姬姆萨染色时原体被染成紫色，初体为蓝色。鹦鹉热亲衣原体可在鸡胚或组织细胞中生长。实验动物中小鼠和豚鼠对其敏感。本菌抵抗力不强，对热敏感，0.1%甲醛溶液、0.5%石炭酸溶液、70%乙醇、3%氢氧化钠溶液均能将其灭活。

2. 诊断要点

(1)流行特点　绵羊、山羊均易感。患病动物和带菌动物为主要传染源，可通过粪便、尿液、乳汁、泪液、鼻分泌物以及流产的胎儿、胎衣、羊水排出病原体，污染水源、饲料和环境。主要经呼吸道、消化道和损伤的皮肤、黏膜感染，也可通过交配或用病公羊的精液人工输精发生感染；蜱、螨等吸血昆虫叮咬也可能传播本病。本病多呈地方流行性。密集饲养、营养缺乏、长途运输或迁徙以及寄生虫侵袭等应激因素可促进本病的发生和流行。

(2)临床症状　根据临床表现不同，可分为下列几种主要病型。

①流产型：妊娠母羊体温升高至 40℃以上，可持续 1 周，食欲

减退，阴道排出少量黏液性或脓性分泌物，有些病例可能无症状突然流产。流产发生在母羊妊娠中、晚期，多为木乃伊、死产和弱羔。流产后几天常从阴道排出粉红色奶油状液体，有时因继发细菌感染而死亡。首次发生流产的羊群流产率达 20%～30%，流产过的母羊在下一次生产中，虽然不再发生流产，但产弱仔较多。流产羊群中公羊出现睾丸炎和附睾炎。

②结膜炎型：病羊眼结膜充血、水肿，流泪，经 2～3 天后角膜浑浊，形成角膜翳、溃疡、穿孔，再经 2～4 天开始愈合。本病多为良性经过，常伴有多发性关节炎，出现跛行。

③关节炎型：病羊体温高达 39.5℃～42℃，精神沉郁，食欲废绝，不愿行走，运步僵硬，四肢关节（尤其腕关节、跗关节）肿胀，一肢或四肢呈跛行。个别羊只还出现痉挛症状。病羔羊同时伴发滤泡性结膜炎。

④肺炎型：病羊体温升高至 40.5℃～41.5℃，精神沉郁，嗜睡，食欲不振或废绝，鼻流浆液性或黏液性分泌物，咳嗽，流泪，呼吸促迫，听诊有啰音。常伴发滤泡性结膜炎，有时腹泻。如有继发感染，则病情加重。

(3)病理变化

①流产型：流产母羊胎膜水肿，子叶呈暗红色并坏死。流产胎儿水肿，腹水增多，气管黏膜有淤斑。

②结膜炎型：结膜充血、水肿。角膜浑浊，角膜翳、糜烂和溃疡。

③关节炎型：关节周围组织水肿，腱鞘周围有液体渗出。其周围肌肉充血、水肿，筋膜有点状出血。

④肺炎型：气管、支气管黏膜可见大量黏液性分泌物，肺的尖叶、心叶有暗红色或灰红色实变区，肺病灶与健康组织界限清楚。肺间质水肿，膨胀不全。

(4)实验室诊断　采集血液、脾脏、肺脏、气管分泌物、肠黏膜及肠内容物，流产胎儿及流产分泌物等进行病原分离和鉴定。也可用补体结合试验、血清中和试验、酶联免疫吸附试验、荧光抗体试验和PCR方法诊断。

（5）类症鉴别　本病应与布鲁氏菌病、弯曲菌病、沙门氏菌病等类似疾病进行鉴别诊断，应做病原学检查和血清学试验。

3. 防控措施

（1）预防　加强饲养管理，消除各种诱发因素，增强羊的体质。不从疫区引进羊只。在本病流行地区，用羊衣原体病灭活疫苗进行免疫接种。在产羔季节，将青年母羊与繁殖母羊隔开饲养。

（2）控制　发生本病时，将发病母羊隔离，流产死羔和胎盘应收集深埋或烧毁，被流产胎儿、胎盘及流产母羊排出物污染的场地应用2%氢氧化钠溶液或2%甲酚皂溶液进行严格消毒。每只羊肌注青霉素80万～160万单位，每日2次，连用3天。对结膜炎病羊，可用土霉素软膏点眼治疗。

（十六）羊支原体性肺炎

羊支原体性肺炎又称为羊传染性胸膜肺炎、烂肺病，是由多种支原体引起的山羊的一种高度接触性传染病。其特征为高热，咳嗽，浆液性和纤维蛋白性肺炎和胸膜肺炎。

1. 病原　病原有四种：丝状支原体山羊亚种能自然感染山羊、绵羊，以3岁以下的山羊最易感；丝状支原体丝状亚种某些菌株可感染山羊；山羊支原体山羊肺炎亚种只感染山羊；绵羊肺炎支原体可感染绵羊和山羊。该类支原体为细小、多形性微生物，可形成丝状，革兰氏染色阴性，用姬姆萨、卡斯坦奈达氏或美蓝染色法着色良好。本菌对理化因素抵抗力很弱，常用的消毒药，如甲酚皂溶液，可在短时间内杀死病原。

2. 诊断要点　本病的确诊，除根据临床症状、流行特点和剖检病变外，需进行实验室诊断，还应与山羊巴氏杆菌病进行区别。

(1)流行特点　病羊是主要传染源,其病肺和胸腔渗出液中含有大量病原体,经呼吸道分泌物排菌,耐过羊肺组织内的病原体在相当时期内具有生活力。本病接触传染性很强,主要通过空气和飞沫经呼吸道感染。阴雨连绵、寒冷潮湿、营养不良以及羊群过于拥挤等不良因素,都容易诱发本病。

(2)临床症状

①最急性:病初体温升高至 41℃～42℃,精神极度委顿,食欲废绝,呼吸急促且叫声痛苦。数小时后出现肺炎症状,呼吸困难,咳嗽,并流浆液带血鼻液。12～36 小时内,病羊卧地不起,四肢直伸,呼吸极度困难,每次呼吸全身会颤动;黏膜高度充血,发绀;目光呆滞,呻吟哀叫,不久窒息而亡。病程一般不超过 4～5 天,有的仅 12～24 小时。

②急性:最常见。病初体温升高,呈稽留热或间歇热,精神委顿,食欲减退,呆立一隅,不愿走动。继之出现短而湿的咳嗽,伴有浆液性鼻液。4～5 天后,咳嗽变干而痛苦,鼻液转为黏性至脓性并呈铁锈色,附于鼻孔和上唇结成干涸的棕色痂皮垢。呼吸困难并有嘶哑声和呻吟。后期,呼吸极度困难,腰背拱起,腹肋紧缩,头颈伸直,口半开并有泡状唾液外流。妊娠母羊常常发生流产。最后病羊倒卧,心脏衰弱,终因窒息而死。病期多为 7～15 天,有的可达 1 个月。不死者转为慢性。

③慢性:多见于夏季。全身症状轻微,体温降至 40℃左右。病羊间有咳嗽和腹泻,鼻涕时有时无,体况衰弱。如饲养管理不良,与急性病例接触或机体抵抗力降低时,很容易复发或出现并发症而迅速死亡。

(3)病理变化　主要病变限于胸腔。肺脏有大小不同的肝变区,常限于一侧。死于急性者,病肺呈红色至灰色,切面呈大理石状,肺小叶间质增宽,因此界限明显。胸膜增厚且粗糙,上有黄白色纤维蛋白附着,常与胸膜和心包相粘连。胸腔积有大量淡黄色液体。支气管、纵隔淋巴结肿大，切面多汁并有出血点。心包积液，心肌松弛。病程长者，肺脏肝变区机化，结缔组织增生，甚至有囊化的坏死区。

(4)实验室诊断　采集急性病例肺组织、胸腔渗出物等涂片，姬姆萨、瑞氏或美蓝染色后镜检，本菌具多形性。还可通过分离培养和动物试验进行鉴定。

3. 防控措施

(1)预防　加强饲养管理，避免寒冷、潮湿等不良诱因的影响。提倡自繁自养，引入羊只时加强检疫。流行区用羊支原体性肺炎灭活疫苗进行免疫接种。

(2)控制　发病时隔离病羊，羊舍和器具用10%漂白粉溶液或4%氢氧化钠溶液严格消毒。可疑病羊和可疑感染者用抗生素治疗，以土霉素和泰乐菌素疗效最好，其次为金霉素和链霉素。病愈羊必须隔离2个月后确认痊愈方可混群。

(十七)口蹄疫

口蹄疫是由口蹄疫病毒引起，主要侵袭牛、猪、羊等偶蹄动物的一种急性高度接触性传染病。以发热和黏膜或皮肤上，特别是口腔和蹄叉部位出现水疱为特征。

1. 病原　口蹄疫病毒属小RNA病毒科、口蹄疫病毒属，有A、O、C、SAT Ⅰ、SAT Ⅱ，SAT Ⅲ和Asia Ⅰ型7个血清型，同一血清型又有若干不同的亚型。各血清型之间几乎没有交叉免疫性，同一血清型内各亚型之间仅有部分有交叉免疫性。病毒主要存在于患病动物的水疱皮和淋巴液中。发热期病畜的血液中病毒含量高，而退热后在乳汁、口涎、泪液等分泌物和粪便、尿液中都含有一定量的病毒。口蹄疫病毒对日光、热、酸碱均很敏感。常用消毒剂有2%氢氧化钠溶液、20%～30%草木灰溶液、1%～2%甲醛溶液、0.2%～0.5%过氧乙酸溶液等。

2. 诊断要点

(1)流行特点　偶蹄兽易感。传染源主要为患病家畜，其次为带毒的野生动物。病毒通过消化道和呼吸道感染，也可以经眼结膜、鼻黏膜、乳头和皮肤伤口传染。本病可呈跳跃式传播和流行，其发生没有严格的季节性，但却具有明显的季节规律，不同地区，口蹄疫流行于不同季节。大部分国家和地区以春秋季为主，一般冬末至春初较易发生大流行，夏季减缓或平息。

(2)临床症状　潜伏期一般为1～7天。主要症状是体温升高达40℃～41℃，食欲废绝，精神沉郁。绵羊多以蹄部症状为主，很少见口腔内有较大的水疱和烂斑。严重病例的蹄叉、蹄冠部糜烂，常因混合感染而化脓或硬肿，病羊跛行。乳房、乳头皮肤和鼻端等部位亦可发生水疱和糜烂。有的蹄匣脱落，发生褥疮而死亡，山羊口腔病变比绵羊多见，且严重，死亡率也高，水疱多发生在硬腭和舌面上。哺乳羔羊多发生出血性胃肠炎，或发生恶性口蹄疫，因急性心脏麻痹而死亡，死亡率可达20%～50%。妊娠母羊常流产。

(3)病理变化　患恶性口蹄疫时，除口腔、蹄部、乳房等处的水疱、烂斑之外，病羊咽喉、气管、支气管和前胃黏膜有烂斑和溃疡形成，心脏松软，似煮熟状。心肌切面有灰红色或黄色斑纹，或者有不规则的斑点，故称“虎斑心”。小羊有出血性胃肠炎。

(4)实验室诊断　采集新鲜水疱皮或水疱液，也可从刚发过病的羊的血液、血清或用食管探杯刮取咽喉部-食管分泌物，死羊则可采集淋巴结、甲状腺或心肌等。采集的样品在冰冻状态下迅速送达国家口蹄疫参考实验室(中国农业科学院兰州兽医研究所)进行检验。

3. 防控措施

(1)预防　严禁从疫区引进羊及其产品、饲料、生物制品等。加强检疫，防止本病从异地传入。坚持免疫接种，用当地流行毒株同型的口蹄疫弱毒苗或灭活苗接种。

(2)控制　一旦发生疫情,应立即采取果断措施:上报疫情,确定诊断,划定疫点、疫区和受威胁区,实施隔离封锁措施;对疫区和受威胁区内未发病羊进行紧急免疫接种;对病羊和同群羊全部扑杀销毁;对被污染的环境进行严格、彻底消毒。

(十八)羊　痘

羊痘又名羊天花,是羊的一种急性、热性接触性传染病。本病对绵羊及山羊都可发生,也能传染给人。以无毛或少毛部位皮肤、黏膜发生痘疹为特征。可造成母羊流产、丧失生产力或死亡。

1. 病原　绵羊痘病毒和山羊痘病毒隶属痘病毒科、山羊痘病毒属,分别感染绵羊、山羊,两者虽然在血清学上呈现交叉反应,但却不能相互传染。病毒的抵抗力强。常用消毒剂为3%石炭酸溶液、2%甲醛溶液、2%氢氧化钠溶液、30%热草木灰水或20%石灰乳。

2. 诊断要点　典型病例根据流行病学特点、临床症状和病理变化不难做出诊断。

(1)流行特点　绵羊较山羊易感,并具有典型的病理过程。病羊是主要的传染源,其呼吸道分泌物、痘疹渗出液、脓汁、痘痂和脱落的上皮内都含有病毒,发病期的任何阶段都有传染性。通过呼吸道、损伤的皮肤或黏膜传播。饲养管理人员以及被污染的饲料、垫料、用具、皮毛产品和外寄生虫等均可作为传播媒介。一年四季均可发生,以春秋季多发。健康羊和病羊直接或间接接触时,很容易受到传染,病愈羊能获得终身免疫。

(2)临床症状　潜伏期6～8天,绵羊和山羊临床表现基本相同,但也有不同之处,目前危害最大的是绵羊痘。

①绵羊痘:病初羊体温升高至41℃～42℃,精神委顿,食欲不振,脉搏、呼吸加快,间有寒战。手压病羊脊柱时有痛感,尤以腰部最为明显。眼结膜充血发红,有浆液性分泌物。鼻腔有浆液、黏液

或脓性分泌物。1～2 天后，在无毛区或少毛区出现绿豆大的红斑。2～3 天后，红斑突起，形成丘疹，并很快形成黄豆大圆锥形隆起结节。2～3 天后，丘疹逐渐增大，变成灰白色水疱，后成脓痘，随后破裂或内容物干涸，形成棕色痂皮，脱痂后痊愈。病程一般约 3～4 周。

非典型病例缺乏上述典型经过。少数病例可见呼吸道和眼结膜的卡他性炎症，无痘或仅出现少量痘疹，但不变成水疱，数日内脱落而消失。有些病例脓疱特别多，互相融合而形成大片脓疱。有时水疱或脓疱内部出血，形成溃疡和坏死区，称为黑痘或血痘，若伴发整块皮肤的坏死和脱落，则称为坏疽痘，此型常引起死亡。

②山羊痘：在病程上和绵羊痘相似，但病位常局限于乳房部，少数可蔓延到嘴唇或齿龈。一般为良性经过，恶性病例 2～3 周死亡。

(3)病理变化　特征病变是在咽喉、气管、肺脏、皱胃等部位出现痘疹。呼吸道黏膜有出血性炎症，气管和支气管内充满混有血液的浓稠黏液。消化道黏膜亦有出血性炎症，特别是肠道后部，常可发现不深的溃疡，有时也有脓疱。病势剧烈时，前胃和皱胃有水疱，间或在瘤胃有丘疹出现。

(4)实验室诊断　当症状不典型时，可用病羊的痘液接种健康羊进行诊断。

3. 防控措施

(1)预防　加强饲养管理，增强羊的抵抗力，保持羊舍环境干燥、卫生。引进羊只严格检疫，隔离 21 天确证无病后方可并群。常发地区的羊群，每年定期用疫苗进行预防注射。

(2)控制　一旦发病，应立即采取以下措施：隔离、封锁，扑杀病羊后销毁，严格消毒，粪便无害化处理；疫群中未发病羊及周围的羊群，用山羊痘或绵羊痘弱毒疫苗进行紧急接种。

(十九)羊传染性脓疱病

羊传染性脓疱病又称为传染性脓疱性皮炎,俗称“羊口疮”,是由传染性脓疱病毒引起的一种急性接触性人兽共患病。特征为口唇等部位的皮肤和黏膜形成红斑、丘疹、水疱、脓疱、溃疡,最后结成疣状厚痂。

1. 病原 传染性脓疱病毒又称羊口疮病毒,属于痘病毒科、副痘病毒属。病毒对外界具有相当强的抵抗力,病痂在炎热的夏季经过30～60天开始丧失传染性,散播在地面的病痂经过秋季、冬季,翌年春季仍有传染性。病毒对温度较为敏感,60℃加热30分钟即可被灭活。常用的消毒剂有2%氢氧化钠溶液、10%石灰乳、20%热草木灰溶液。

2. 诊断要点

(1)流行特点 绵羊和山羊易感,以3～6月龄羔羊多发;成年羊也有易感性,但发病较少。病羊和带毒羊是传染源,病毒主要存在于病变部的渗出液和痂块中,健康羊常因与病羊直接接触而感染,也可经污染的羊舍、草场、草料、饮水和用具等受到感染。感染途径主要是损伤的皮肤和黏膜。

(2)临床症状和病理变化 潜伏期为4～7天,可分为3型,偶见混合型。

①唇型:最为常见。病羊的口角、上唇或鼻镜上出现散在的小红斑点,逐渐变为丘疹、结节,继而形成水疱或脓疱,破溃后形成硬痂,逐渐扩大、加厚、干燥,1～2周脱落而恢复正常。严重病例,患部蔓延至整个颜面部和口腔内,发生水疱、脓疱和烂斑。若伴有坏死梭杆菌等继发感染,则恶化成大面积的溃疡,深部组织坏死。

②蹄型:几乎仅侵害绵羊,多单独发生,偶有混合型。多一肢患病,也可能同时或相继侵犯多数甚至全部蹄部。常在蹄叉、蹄冠或系部皮肤上形成水疱、脓疱,破溃后形成由脓液覆盖的溃疡。如

有继发感染则可能波及皮基部或蹄，病羊出现跛行，长期卧地，严重者因衰弱或败血症而死亡。

③外阴型：少见，有黏性或脓性阴道分泌物，阴唇和附近的皮肤上有溃疡，乳房和乳头的皮肤上发生脓疱、烂斑和痂垢。公羊阴鞘肿胀，阴鞘口和阴茎上发生小脓疱和溃疡。

(3)实验室诊断　可用琼脂扩散试验、反向间接血凝试验、酶联免疫吸附试验等血清学方法诊断。也可分离培养病毒，或对病料负染色直接用电镜观察。

3. 防控措施

(1)预防　加强饲养管理，保护羊的皮肤和黏膜不发生损伤。不从疫区引进羊及其产品，对引进的羊只隔离观察半个月以上，确认无病后再混群饲养。在流行地区，用羊口疮弱毒疫苗进行免疫接种。

(2)控制　一旦发生疫情，采取紧急措施：隔离病羊，对圈舍、运动场进行彻底消毒；给病羊饲喂柔软、易消化、适口性好的饲料，保证充足的清洁饮水。治疗时先将病羊口唇部的痂垢剥除干净，用淡盐水或0.1%高锰酸钾溶液充分清洗创面，再用2%龙胆紫或5%碘甘油或5%土霉素软膏涂抹创面，每日2～3次，直至痊愈；蹄型病例可将病蹄在5%甲醛溶液中浸泡1分钟，连续浸泡3次；或每隔2～3天用3%龙胆紫、1%苦味酸、10%硫酸锌酒精溶液重复涂搽，严重病例应给予支持疗法；焚烧从病羊剥离的痂皮；人接触病羊时，要注意个人防护，以防经损伤的皮肤发生感染。

(二十)山羊关节炎-脑炎

山羊关节炎-脑炎是由山羊关节炎-脑炎病毒引起的山羊慢性消耗性传染病。临床特征是成年山羊表现为慢性多发性关节炎，间或伴发间质性肺炎或硬结性乳房炎，羔羊常表现为脑脊髓炎。

1. 病原　山羊关节炎-脑炎病毒属于反转录病毒科、慢病毒属。山羊胎儿滑膜细胞常用于分离山羊关节炎-脑炎病毒。该病毒对热、去污剂和甲醛敏感，但不受辐射作用影响。

2. 诊断要点 根据病史、临床症状、病理变化可做出初步诊断，确诊需要进行病原分离鉴定和血清学试验。

(1)流行特点 自然条件下，本病仅感染山羊，以成年山羊感染居多。绵羊可通过实验感染。传染源为发病山羊和潜伏感染的山羊。感染途径以消化道为主，子宫内感染偶有发生。本病一年四季均可发生，常呈地方流行性。感染率为1.5%～81%不等，带毒母羊所产羔羊当年发病率为16%～19%，致死率为100%。

(2)临床症状 依据临床表现，本病可分为脑脊髓炎型、多发性关节炎型、间质性肺炎型和间质性乳房炎型四个类型，主要是脑脊髓炎型和关节炎型，部分病例伴有间质性肺炎和间质性乳腺炎，也有混合发生的病例。

①脑脊髓炎型：多发于2～4月龄山羊羔。初期一肢或两肢运动失调，随后四肢麻痹，反射亢进。精神沉郁，头部抽搐和震颤，角弓反张，斜颈，有的还出现划水动作，经半个月到1年后死亡。

②关节炎型：1周岁以上的成年羊多见，最常见腕关节渐进性肿胀，并延伸到腕关节近侧。有些病羊表现轻度步态僵硬，可持续数年。有的羊步态踉跄，不能直立，前肢跪地膝行，甚至韧带和腱断裂而失去站立能力。病羊因长期卧地、衰竭或继发感染而死亡。病程1～3年。

③间质性肺炎型：较为少见，主要见于成年山羊。病羊逐渐消瘦、衰弱、咳嗽、呼吸困难。肺部叩诊有浊音，听诊有湿啰音。病程多为3～6个月。

④间质性乳房炎型：多发生于分娩后的1～3天，乳房坚实或坚硬，仅能挤出少量乳汁，无全身症状和细菌性乳房炎的表现。

(3)病理变化 主要病变在脑脊髓、四肢关节和肺脏，其次是乳房。

①脑脊髓炎型：病变主要见于小脑和脊髓(特别是第一至第四

颈椎和腰椎)的白质,偶尔见于中脑,当从前庭核部位将小脑和延髓横断,常见一侧脑白质中有5毫米大小的棕色病灶。

②关节炎型:病变为患部关节和周围软组织肿胀波动,皮下浆液渗出,关节囊肥厚。关节滑膜通常与关节软骨粘连。关节腔扩大,充满黄色或淡红色液体,其中悬浮纤维蛋白条索或血凝块。

③间质性肺炎型:肺脏轻度肿大,质地坚实,灰白色,表面散在灰色小点,切面可见大叶性或斑块状实变区,支气管周围淋巴结和纵隔淋巴结肿大,支气管空虚或充满浆液和黏液。

(4) 实验室诊断　琼脂扩散试验、酶联免疫吸附试验常用于本病的诊断。亦可采取患病山羊的骨膜细胞或脑细胞、关节液、乳汁分离病毒。

3. 防控措施　采取检疫、隔离、扑杀、消毒和培育健康羊群等综合性方法进行防制。

(1)预防　不从疫区引进羊只,引种时要检疫。加强饲养管理,定期对羊群进行检疫,监视羊群状态,及时淘汰血清学阳性羊。如果羊群为山羊关节炎-脑炎病毒血清学阴性,应采取羊群的封闭式管理,引进无山羊关节炎-脑炎的新原种,以保持羊群无本病。

(2)控制　一旦发现羊群感染本病,应采取隔离、扑杀、严格消毒等措施。

(二十一) 蓝舌病

蓝舌病是由蓝舌病病毒引起反刍动物的一种急性非接触性传染病。特征为发热、口腔黏膜和胃肠道黏膜严重的卡他性炎症。

1. 病原　蓝舌病病毒属于呼肠孤病毒科、环状病毒属。该病毒有24个血清型,各型之间缺乏交互免疫性。本病毒抵抗力强,常用2%～3%的氢氧化钠溶液消毒。

2. 诊断要点

(1)流行特点　绵羊最易感,纯种美利奴羊更为敏感。病羊和病后带毒羊为主要传染源。该病主要通过库蠓叮咬传播，也可经胎盘垂直感染。发病与库蠓分布密切相关，故多发于湿热的晚春、夏季、早秋以及池塘、河流分布广的潮湿低洼地区。

(2)临床症状　潜伏期3～8天。病羊体温升高至40℃以上，稽留5～6天，精神委顿，厌食流涎；双唇水肿，常蔓延至面颊、耳部；舌及口腔黏膜充血、发绀，出现淤斑，严重者发生溃疡、糜烂，致使吞咽困难；鼻分泌物初为浆液性后为黏脓性，常混有血液，在鼻孔四周结痂，导致呼吸困难，鼻黏膜和鼻镜糜烂出血。有时病羊头部症状见好时，乳房和蹄部上皮脱落，蹄冠、蹄叶发炎，出现跛行。部分病例发生便秘或腹泻，便中常带血，最后死亡。病程6～14天。发病率30%～40%，病死率20%～30%。妊娠4～8周的母羊感染后，所产羔羊中约20%有发育缺陷，如脑积水、小脑发育不良等。

(3)病理变化　各脏器和淋巴结充血、水肿和出血。颌下、颈部皮下胶样浸润。除口腔黏膜糜烂、出血外，呼吸道、消化道和泌尿系统的黏膜均有出血点，严重的病例消化道黏膜发生坏死和溃疡。乳房和蹄冠等部位上皮脱落但无水疱，蹄叶发炎并常溃烂。

(4)实验室检查　采集发热期的病羊血液或病尸肠系膜淋巴结、脾脏，接种于易感绵羊、乳鼠或鸡胚，分离病毒。用特异性阳性血清做补体结合反应或琼脂扩散试验以鉴定病毒。中和试验可确定病毒型别。也常用荧光抗体技术检查病料中的特异性病毒颗粒。

3. 防控措施

(1)预防　加强口岸检疫和运输检疫，严禁从有该病的国家或地区引进活牛、活羊或冻精、胚胎。进口羊应选择媒介昆虫不活动的季节。流行区应防止吸血昆虫叮咬羊，夏秋季节提倡在高地放牧和驱赶羊群回圈舍过夜。用疫苗免疫接种。

(2)控制　一旦发生该病，应立即采取措施，扑杀发病羊群和与其接触过的所有羊群及其他易感动物，并彻底消毒。

(二十二)梅迪-维斯纳病

梅迪-维斯纳病是由梅迪-维斯纳病毒引起成年绵羊的一种慢性传染病。临诊表现为间质性肺炎或脑膜炎。

1. 病原　梅迪-维斯纳病毒属于反转录病毒科、慢病毒属。成熟病毒粒子呈圆形或卵圆形，有囊膜，其表面有纤突。50℃仅存活 15 分钟，可被 0.1%甲醛溶液、4%酚溶液灭活。

2. 诊断要点

(1)流行特点　该病主要感染绵羊，2～4 岁羊多发。病羊和处于潜伏期的羊为主要传染源。经呼吸道和消化道感染。本病多呈散发，一年四季均可发病，病死率可能高达 100%。

(2)临床症状　该病潜伏期 2～3 年。

①梅迪病：病羊放牧时掉群，并出现干咳。呼吸困难日渐加重，在运动时尤为明显；逐渐消瘦，病羊呈现慢性间质性肺炎症状，呈进行性加重，最终死亡。

②维斯纳病：病初表现步态异常，运动失调和轻瘫，特别是后肢，轻瘫逐渐加重而成为截瘫；有时头部也有异常表现，唇部震颤，头偏向一侧。病情缓慢地进展并恶化，最后陷入对称性麻痹而死亡。

(3)病理变化

①梅迪病：病变主要见于肺及周围淋巴结，肺脏增大2～4 倍，呈灰黄色、灰蓝色或暗紫色，触之有橡皮样感觉，小叶间隔增宽。

②维斯纳病：主要表现为弥漫性脑膜脑炎，淋巴细胞和小胶质细胞增生和浸润以及出现血管套现象。大脑、小脑、脑桥、延脑和脊髓白质内出现弥漫性脱髓鞘现象。

(4)实验室诊断　采集病羊白细胞以及脑、肺等组织，胰酶消化进行细胞培养或与健康敏感细胞共同培养，易分离到病毒。也可取神经型病羊的脉络丛或肺炎型病羊的肺组织和淋巴结，制成乳剂接种来自健康羊的原代脉络膜丛细胞培养物或肺细胞培养物，再以免疫荧光技术检测特异性病毒粒子。

3. 防控措施 本病尚无疫苗和有效治疗方法，因此防制的关键在于坚持不从疫区引进种羊。加强进口检疫，扑杀病羊及其接触者，圈舍、饲管用具用甲醛熏蒸消毒；污染牧地应停止放牧1个月以上。

(二十三)痒 病

痒病又称搔痒病，是绵羊中枢神经系统的一种慢性进行性疾病，偶见于山羊。该病以潜伏期长、剧痒、共济失调、麻痹、衰弱为特征，常导致病羊死亡。

1. 病原 病原为一种蛋白侵染因子，也有人称之为朊病毒、朊蛋白、朊粒。羊群遭受感染后，很难清除病原体。

2. 诊断要点

(1)流行特点 一般发生于2～4岁的羊，不同性别、品种的羊均可发生。病羊为主要传染源。据报道，传播途径有水平传播和垂直传播两种途径。

(2)临床症状 潜伏期1～5年。病羊早期敏感，易惊，抬头，行走时以高抬腿姿态跑步。发展期，病羊出现瘙痒，用后肢搔抓胸侧、腹侧和头部，并常啃咬腹肋部、股部或尾部，或在墙壁、栅栏、树干等物体上摩擦这些部位，致使被毛大量脱落，皮肤红肿发炎，甚至破溃出血。病羊体温正常，照常采食，但日渐消瘦，因不能跳跃，故遇沟坡、土堆、门槛时，反复跌倒。病程几周或几个月。病死率几乎100%。

(3)剖检变化 除尸体消瘦和皮肤损伤以外，常无肉眼可见变化。病理组织学检查，特征性的变化包括神经元的空泡变性与皱缩、灰质的海绵状疏松、星形胶质细胞增生等。

(4) 实验室诊断　可采用动物感染试验、致病性朊病毒(PrP^{sc})的免疫学检测以及痒病相关纤维(SAF)检查等。

3. 防控措施　尚无有效的生物制剂和药物。禁止从有该病病史的国家和地区引进种羊。无病区一旦出现病例,应立即扑杀全群。对于曾经与病羊群有过接触的羊群,必须隔离封锁 42 个月,若发现病羊或疑似病羊,全群扑杀。

(二十四)绵羊肺腺瘤病

绵羊肺腺瘤病是由绵羊肺腺瘤病毒引起的绵羊的一种慢性、进行性、接触传染性肺脏肿瘤病。以潜伏期长、渐进性消瘦、咳嗽、呼吸困难、肺泡和支气管上皮进行性肿瘤样增生和高死亡率为特征。

1. 病原　绵羊肺腺瘤病毒为一种反转录病毒,具囊膜,遗传物质为单股负链 RNA。本病毒抵抗力不强,56℃ 30 分钟可灭活,—20℃条件下病肺组织里的病毒可存活数年。

2. 诊断要点

(1) 流行特点　不同品种的绵羊均易感,以美利奴绵羊易感性最高,最常见于 4 岁以上的成年羊。山羊也可自然感染。病羊是主要传染源,主要经呼吸道传播。本病呈散发,多种不良因素均有利于本病的传播。

(2)临床症状　潜伏期长达数月,往往在出现症状以前病情已很严重。病羊低头时,由鼻孔流出大量液体。病羊停食,急剧消瘦,常导致进行性肌肉衰弱,贫血。病羊常继发细菌性感染,引起化脓性肺炎,导致急性、有时可能呈发热性病程。最后因虚脱而死亡,病死率高达 100%。

(3)病理变化　肺脏肿大为正常的 2～3 倍,呈一侧性或两侧性,在尖叶、心叶和膈叶的下部出现大量粟粒大或豌豆大的灰白色实变区,当其融合成大的病灶时,可使整个肺叶或一个肺叶的 1/3 呈灰白色实变区,其周围仍有小灶性实变散播于正常的肺组织中。

(4)实验室诊断　病毒体外培养较为困难,只能用病料经鼻、气管接种易感绵羊,发病后从肺脏及其分泌物中获得病毒。本病的诊断需依靠病理组织学检查和血清学试验。

3. 防控措施　加强管理,不从疫区引进羊。如引进新羊,必须严格检疫后隔离,经长时间观察,无异常表现再并群。定期检验,对可疑病羊及其后代立即扑杀。

二、羊常见寄生虫病的诊断与防治技术

寄生虫病的确诊是在流行病学调查研究的基础上,根据病原学检查结果获得的。在寄生虫病防治工作中必须贯彻以"预防为主、养防结合、防重于治"的方针,掌握羊寄生虫的发育规律和疾病的流行规律,以切断寄生虫病流行的三个环节,在发病季节到来之前,选用药物进行预防性驱虫(药物使用方法参见本书第五章),并采取切实可行的综合防治措施。

(一)片形吸虫病

片形吸虫病是由肝片吸虫或大片吸虫寄生于羊的肝脏、胆管而引起的寄生病。

1. 病原　肝片吸虫和大片吸虫属于片形科、片形属。肝片吸虫俗称柳叶虫,为大型吸虫,成虫扁平,呈叶片状,体长20～35毫米,宽5～13毫米,自胆管内取出的鲜活虫体为棕红色;虫卵呈长卵圆形,金黄或黄褐色。大片吸虫两侧缘几乎平行,前后宽度变化不大,虫体后端钝圆,腹吸盘较大;虫卵呈深黄色,长150～190微米,宽75～90微米。

2. 诊断要点

(1)流行特点　羊最为易感,感染率高达50%。片形吸虫的主要终末宿主是反刍动物,绵羊是最主要的终末宿主,中间宿主为

椎实螺科的淡水螺。肝片吸虫中间宿主是小土窝蜗、斯氏萝卜螺；大片吸虫的主要中间宿主主要为耳萝卜螺。病畜和带虫者为传染源。羊的感染多因吞食含囊蚴的饲草、饲料所致，少数因饮用被污染的水而引起。肝片吸虫存在于全国各地，以北方较为普遍，大片吸虫在华南、华中和西南地区较为常见。本病呈地方流行性，多发于低洼和多沼泽的放牧地区，以及温暖潮湿的春末、夏季、秋季，南方冬季也可发生感染，多雨年份能促进本病的流行。

(2)临床症状　急性病例少见，病羊发热，衰弱，食欲减退或废绝，黏膜苍白，红细胞及血红素显著降低，严重者多在几天内死亡。慢性病例表现消瘦，贫血，黏膜苍白，食欲不振，异嗜，眼睑、颌下、胸前、腹下水肿，病情逐渐恶化，后期卧地不起，最终可因极度衰竭而死亡。

(3)病理变化　急性病例可见肝肿大、出血、质地变软，包膜上有纤维素沉着；肝实质内有数毫米长的暗红色虫道，虫道内有凝固的血液和幼虫，并有腹膜炎变化。慢性病例主要为增生性肝炎病变，在肝组织被破坏的部位出现淡白色索状瘢痕，肝实质萎缩、退色、变硬。

(4)实验室诊断　生前取粪便沉淀后检查虫卵。急性感染期用皮内试验、间接血凝、免疫荧光试验和酶联免疫吸附试验等免疫学方法诊断。剖检从肝或胆管中找出虫体即可确诊。

3. 防治　定期驱虫，每年如驱虫 1 次，可在秋末至冬初进行，如驱虫 2 次，另一次驱虫可在翌年春季进行。药物可选用丙硫苯咪唑(对成虫有良效，但对幼虫效果较差)、氯氰碘柳胺钠、硫双二氯酚等，后者在治疗吸虫的同时，还可驱杀线虫和疥螨等寄生虫。圈舍粪便应及时清除，粪便集中堆积发酵处理，利用生物热杀灭各种虫体和虫卵。保持水源清洁卫生，不在低洼地带放牧，不用被污染的媒介植物喂羊。消灭椎实螺。

(二)日本分体吸虫病

日本分体吸虫病又称日本血吸虫病,是由日本分体吸虫寄生于羊和人等多种哺乳动物的门脉系统的小血管内所致的一种严重人兽共患寄生虫病。

1. 病原 日本分体吸虫又称日本血吸虫,雌雄异体,常合抱寄生在哺乳动物的门静脉,产出虫卵,在水中孵出毛蚴,侵入湖北钉螺体内,经母胞蚴、子胞蚴发育为尾蚴,从螺体逸出,经皮肤或黏膜侵入羊体。

2. 诊断要点

(1)流行特点 人和哺乳动物为终末宿主,中间宿主为钉螺。羊的感染与接触含有尾蚴的疫水有关,也可因饮用或采食含有尾蚴的水、草经消化道感染。流行的三个基本环节是含有分体吸虫虫卵污染的水源、中间宿主钉螺的存在以及羊只接触疫水。本病广泛分布于我国长江下游流域及其以南的13个省、市、自治区,与钉螺的分布一致。多发生于夏秋季节。

(2)临床症状 轻度感染时无明显症状,严重感染呈急性经过,病羊表现精神沉郁,食欲不振,行动迟缓,呆立不动。继而腹泻,粪便中带黏液或血液、腥臭,里急后重,体温升高,日渐消瘦,终因衰竭而死亡。母羊流产或不孕。

(3)病理变化 尸体消瘦、贫血、腹水增多。主要病变为虫卵沉积于组织中而产生的虫卵结节及由此而致的出血和坏死,多见于肝脏和肠壁。

(4)实验室诊断 采取粪便,采用直接涂片法、集卵法和虫卵毛蚴孵化法检出病原即可确诊。死后剖检发现虫体、虫卵结节等亦可确诊。皮内反应,阳性准确率达90%以上。间接血凝试验、对流免疫电泳试验、间接荧光抗体试验、酶联免疫吸附试验等血清学试验也可用于本病的诊断。

3. 防治　本病严重影响人类健康和畜牧业发展，必须采取以下综合性防治措施：在流行区选用吡喹酮、氯硝柳胺等药物，对羊进行驱治；粪便堆沤发酵；加强饲养管理，保护水源，确保羊饮用水洁净；禁止在有钉螺的地区放牧，根据钉螺的生态学特点，结合农田水利建设，采用土埋、水淹和水改旱、饲养水禽等方法灭螺。

（三）前后盘吸虫病

前后盘吸虫病是由前后盘科各属的吸虫寄生于羊的瘤胃和网胃壁上引起的一种寄生虫病。感染率高，感染强度大。

1. 病原　主要有前后盘属、菲策属、殖盘属、腹袋属等的吸虫。成虫寄生于羊的瘤胃壁、网胃壁或盲肠、结肠。幼虫在发育过程中移行于皱胃、小肠、胆管和胆囊。

2. 诊断要点

（1）流行特点　淡水螺是其中间宿主。羊采食含有囊蚴的水草而感染。我国各地流行广泛，南方常年发生，北方多见于5～10月份。主要发生于多雨年份和夏秋季节。

（2）临床症状　幼虫移行过程中引起羊精神沉郁、厌食，随之呈现顽固性腹泻，粪便呈粥样或水样，恶臭并混有血液。病羊因之极度消瘦，颌下水肿，严重时可波及头部甚至全身，进而高度贫血，血液稀薄，最后因极度虚弱、衰竭死亡。成虫也可引起病羊消瘦、贫血、下痢和水肿等。

（3）病理变化　小肠、皱胃黏膜肿胀、有出血点，甚至发生肠黏膜坏死和纤维素性炎症。胆管、胆囊膨胀。小肠、皱胃、胆管和胆囊内可见数量不等的幼虫。瘤胃壁上附有大量成虫。

（4）实验室诊断　生前取粪便水洗沉淀或直接涂片查找虫卵，也可进行试验性驱虫。死后在瘤胃发现成虫或幼虫，可以确诊。

3. 防治　定期驱虫，在北方可在每年春秋季各驱虫1次，南方地区因常年放牧，每年可驱虫 3 次。药物驱治可选用氯硝柳胺、奥芬达唑、硫双二氯酚。粪便集中堆积发酵。加强饲养管理，选择高燥处放牧，注意饮水卫生。消灭淡水螺。

(四)东毕吸虫病

东毕吸虫病是由东毕吸虫寄生于羊的门静脉、肠系膜静脉内而引起的寄生虫病。

1. 病原 东毕吸虫属于分体科、东毕属。国内有四种，分别为土耳其斯坦东毕吸虫、土耳其斯坦东毕吸虫结节变种、程氏东毕吸虫和彭氏东毕吸虫，以第一种较常见。

2. 诊断要点 在流行地区依据症状和流行特点，结合粪检发现虫卵即可确诊。必要时可进行尸检，在肠系膜静脉内或肝脏内发现大量虫体亦可确诊。

(1)流行特点 终末宿主主要是牛、羊，中间宿主为椎实螺。成年羊感染率往往比幼龄羊高。我国 22 个省、市、自治区有报道，在青海、宁夏和内蒙古等个别地区十分严重。一般在 5～10 月份感染和流行。

(2)临床症状 急性病例体温升至 40℃以上，病羊精神沉郁，食欲减退，消瘦，贫血，黄疸，皮下水肿，腹泻以至大批死亡。多呈慢性经过，病羊表现为颌下和腹下水肿，发育不良，软便或下痢，孕羊流产等症状。

(3)病理变化 尸体消瘦，严重贫血，腹腔内有大量积液，肠系膜淋巴结肿大。肝初期肿大，后期萎缩、硬化，表面凹凸不平，布满大小不等的灰白色虫卵结节。肠黏膜有出血点或坏死灶。

(4)实验室诊断 收集大量粪便，用大量水稀释后用粪筛滤过，弃去筛上粪渣，取过滤后粪液中的沉淀物置于尼龙绢筛中，用水冲洗，直至冲洗出的水无色为止，倒出绢筛中的沉淀物可直接用其涂片镜检。

3. 防治　定期驱虫，时间以10～11月份为宜，药物可选用吡喹酮、氯硝柳胺或硫双二氯酚等。粪便堆积发酵或深埋。合理规划草场，安全放牧，实现划区轮牧，夏季防止羊涉水，避免感染尾蚴。消灭椎实螺。

(五)歧腔吸虫病

歧腔吸虫病亦称双腔吸虫病，是由歧腔吸虫寄生于羊、牛等反刍家畜胆管及胆囊中引起的。

1. 病原　歧腔吸虫以前称双腔吸虫，属于歧腔科、歧腔属，寄生于羊体内的主要有矛形歧腔吸虫和中华歧腔吸虫。

2. 诊断要点

(1)流行特点　羊和牛是最重要的传染源。羊因采食含有囊蚴的蚂蚁污染的饲草而受感染。流行区的形成与当地存在的第一中间宿主陆地螺和第二中间宿主蚂蚁密切相关。我国各地均有发生，以西北、内蒙古和西南地区多见。在温暖潮湿的南方，全年可感染；寒冷干燥的北方，多在冬春季发病。常与肝片吸虫混合感染。

(2)临床症状　轻度感染羊一般无明显症状。严重感染时，表现食欲不振、精神沉郁、腹泻、逐渐消瘦、可视黏膜黄染、颌下水肿、贫血。在冬春季自然气候不良、饲料不足的情况下，常因衰竭而死亡。

(3)病理变化　胆管卡他性炎症，管壁增厚，胆管周围结缔组织增生，胆管和胆囊内有大量不同发育阶段的虫体和虫卵。

(4)实验室诊断　根据流行病学特点和临诊症状怀疑为本病时，从粪便检出虫卵可以确诊。

3. 防治　对同一牧地的所有家畜，每年的秋末和冬季进行定期驱虫，药物可选用丙硫苯咪唑或吡喹酮等。粪便堆积发酵。感染季节选择开阔、干燥的牧场放牧，尽量避免在中间宿主多的潮湿低洼地上放牧；注意饮水卫生，保持水源洁净。灭螺，灭蚊。

(六)阔盘吸虫病

阔盘吸虫病是由歧腔科、阔盘属的多种吸虫寄生于羊胰管中而引起的以胰管炎症、贫血和营养障碍为特征的寄生虫病。

1. 病原 主要有胰阔盘吸虫、腔阔盘吸虫。胰阔盘吸虫最为常见，活虫为棕红色，虫体扁平，较厚，呈长卵圆形。

2. 诊断要点 剖检发现虫体或粪便中检出虫体即可确诊。

(1)流行特点 本病除发生于牛、羊等反刍动物外，还可感染猪、兔、猴和人等。第一中间宿主为陆地螺，第二中间宿主是草螽。羊吞食了含有成熟囊蚴的草螽而感染。国内各地均有报道，东北有些地区羊感染率达 60%～70%。主要流行于春秋季，尤以秋季严重。

(2)临床症状 轻度感染的羊，症状不明显。严重感染者表现消瘦，被毛粗乱，贫血，腹泻，粪便带黏液，颌下和胸前水肿，最后因恶病质而死亡。

(3)病理变化 急性病例胰脏肿大，胰管因高度扩张呈黑色蚯蚓状而突出于胰脏表面，管壁发炎、肥厚、增粗，管腔黏膜不平并有点状出血，内含大量虫体。慢性病例胰脏硬化、萎缩。

(4)实验室诊断 用水洗沉淀法检查粪便中的虫卵。

3. 防治 在流行地区，每年冬末和初春用吡喹酮各进行 1 次预防性驱虫，或 3～4 月份驱虫 1 次。粪便堆积发酵。加强饲养管理，划区放牧，净化牧场。羔羊从断奶开始，移到绝对安全区放牧管理，并逐年扩大健康羊群，以达到完全净化的目的。第二中间宿主草螽分布广泛，难以消灭，因此在每年 5～6 月份第一中间宿主陆地螺刚复苏从土内钻出而尚未开始繁殖时进行人工捕捉，集中用火烧或砸碎深埋。

(七)绦虫病

羊绦虫病是由莫尼茨绦虫、曲子宫绦虫和无卵黄腺绦虫的成虫寄生于羊的小肠引起的。三种绦虫既可单独感染,也可混合感染,以莫尼茨绦虫危害最为严重。

1. 病原 莫尼茨绦虫常见有贝氏莫尼茨绦虫和扩展莫尼茨绦虫。扩展莫尼茨绦虫呈乳白色,长 1～5 米,最宽处 16～26 毫米;卵呈三角形、方形或圆形,直径 50～60 微米,内含一个六钩蚴的梨形器。贝氏莫尼茨虫体长 6 米,最宽处 26 毫米。曲子宫绦虫虫体可长达 2 米,宽约 12 毫米。无卵黄腺绦虫长 2～3 米,宽仅为 3 毫米左右,节片短,眼观分节不明显。

2. 诊断要点 依据症状和粪便中查到绦虫节片可做出诊断,必要时取粪便检查虫体或虫卵。

(1)流行特点 羔羊感染率较高,以 2～5 月龄感染率最高,并可将虫体排至体外。成年羊的感染率低。中间宿主为地螨,早晨放牧时羊吃了地螨而感染。全国各地都有分布,在三北牧区广为流行。夏秋季节较易感染。

(2)临床症状 多呈慢性经过。病初病羊食欲减退,贫血,消瘦,下痢,有时粪中有乳白色的虫体节片。严重时出现神经症状。后期衰弱而卧地不起,衰竭而死。

(3)病理变化 尸体贫血,肠道内可见虫体,寄生部位呈卡他性炎症变化。

(4)实验室诊断 取粪便检查虫体节片,亦可用饱和盐水漂浮法检查虫卵。对无节片排出的羊,可进行诊断性驱虫,如服药后发现排出虫体或症状明显好转,即可做出诊断。

3. 防治 舍饲改放牧前对羊群进行驱虫,放牧 1 个月内驱虫 2 次,1 个月后第三次驱虫。驱虫药可选用吡喹酮、奥芬达唑、丙硫苯咪唑、硫双二氯酚等。粪便堆置发酵。合理安排放牧时间,避免雨后、清晨和黄昏放牧，减少羊吃入地螨的机会。深耕土地、农牧轮作、播种优质牧草、更新牧地等可显著减少地螨数量。

(八)棘球蚴病

棘球蚴病又称包虫病，是由寄生于犬科动物小肠的棘球绦虫中绦期——棘球蚴寄生在牛、羊和人等多种哺乳动物的脏器组织内引起的一种严重的人兽共患寄生虫病。

1. 病原 棘球绦虫有四种，国内报道有两种。细粒棘球绦虫较小，头节呈梨形，有顶突和 4 个吸盘，细粒棘球蚴呈球形，可长大至直径 30～40 厘米，呈乳白色，不透明囊状，囊内充满透明液体。多房棘球绦虫形态与细粒棘球绦虫相似，但虫体较小；多房棘球蚴呈球形，为聚集成群的小包囊。

2. 诊断要点 可依据流行特点、症状及剖检变化进行诊断，必要时进行免疫学诊断。

(1)流行特点 犬是终宿主和主要传染源，在流行严重的地区，犬的感染率达 30%～50%。羊、黄牛、牦牛、猪、骆驼以及啮齿动物均是中间宿主，以绵羊感染率最高。羊摄入受到虫卵污染的草、料和饮水而感染。我国 23 个省、直辖市、自治区有报道，以西北、内蒙古和四川等地流行严重，其中新疆地区最为严重。

(2)临床症状 羊严重感染时表现消瘦，易脱毛，咳嗽，卧地不起。若囊泡破裂，产生严重的变态反应，羊只突然死亡。

(3)病理变化 虫体寄生的肝脏和肺脏等器官有数量不等棘球蚴包囊。

(4)实验室诊断 采用新鲜囊液进行皮内变态反应试验，也可用酶联免疫吸附试验、间接血凝试验、琼脂双向扩散试验、对流免疫电泳、补体结合试验、免疫荧光试验等方法诊断。

3. 防治 加强宣传教育，牧羊犬、警犬和宠物犬等应予以登记。在流行区，用氢溴酸槟榔碱给犬驱虫，每月 1 次，服药后犬应拴留，并将粪便和垫料等全部烧毁或深埋，以防病原扩散传播。严禁用棘球蚴病畜的脏器喂犬或随地抛掷。做好饲料、饮水及圈舍的清洁卫生工作，防止被犬的粪便污染。对病羊，早期可用丙硫苯咪唑治疗，吡喹酮也有一定疗效。

（九）脑多头蚴病

脑多头蚴病是由狗、狼等肉食兽小肠里的多头绦虫的中绦蚴幼虫寄生于羊的脑与脊髓所引起，亦称脑包虫病。因病羊有明显的转圈症状，又称为“转圈病”。

1. 病原　多头绦虫属于多头属。成虫长 40～80 厘米，节片 200～500 个，头节有 4 个吸盘；成熟节片呈方形。卵为圆形，直径 20～37 微米。多头蚴呈囊泡状，囊体由豌豆大至鸡蛋大，囊内充满透明液体；囊内膜附有 100～250 个原头蚴，直径 2～3 毫米。

2. 诊断要点　主要依据典型症状进行诊断，必要时进行实验室诊断。

（1）流行特点　山羊、绵羊常见，以 2 岁以下的绵羊感染率较高。犬、狼等肉食兽是终末宿主，为主要传染源，多因食入含多头蚴的牛、羊脑或脊髓而感染，通过粪便排出孕节和虫卵。羊随牧草、饮水等吞食虫卵而感染。该病散布于全国各地，并多见于犬活动频繁的地方，一年四季均可发生。

（2）临床症状　有典型的神经症状和视力障碍。急性期表现体温升高，呼吸、脉搏加快，强烈兴奋或沉郁，并有回旋、前冲、后退和躺卧等神经症状，严重者几日内死亡。慢性病例症状与虫体寄生部位有关，若虫体寄生在大脑半球，病羊出现转圈运动；虫体寄生在脑正前部时，羊表现头下垂，向前直奔和前肢蹿空或静止不动，头抵物体；虫体寄生在小脑，病羊四肢痉挛，共济失调，易跌倒；虫体寄生在脊髓，病羊可出现后躯完全麻痹，有时膀胱括约肌麻痹、尿失禁。

(3)病理变化　有明显的脑炎或脑膜炎病变，慢性病例在脑、脊髓等部位有分布不等的囊状多头蚴，病灶周围脑组织或较远的部位发炎，有时可见萎缩变性和钙化的多头蚴。

(4)实验室诊断　常用变态反应诊断，也可用 X 线或超声波设备确诊。

3. 防治　对牧羊犬进行定期驱虫，排出的粪便堆积发酵。加强牛、羊屠宰管理，病羊、牛的脑和脊髓必须销毁，禁用未处理的动物尸体和废弃物喂犬。禁止在被污染的场地放牧。对病羊可实施手术摘除寄生在脑髓表层的虫体，药物治疗可选用吡喹酮。

(十)消化道线虫病

消化道线虫病是由不同种类和数量的线虫寄生在羊的消化道内引起的。

1. 病原　寄生于羊消化道的线虫有毛原科、钩口科、毛首科(毛尾科)的多种线虫，常混合感染。捻转血矛线虫寄生于真胃，偶见于小肠，呈粉红色，长 27～30 毫米，由于红色的消化管和白色的生殖管相互缠绕，形成红白相间的外观，俗称“麻花虫”。奥斯特线虫寄生于真胃，虫体呈棕色，亦称棕色胃虫，长 4～14 毫米。马歇尔线虫寄生于真胃，似棕色胃虫，但虫体较大。细颈线虫寄生于小肠或真胃，虫体前部呈细线状，后部较粗。毛圆线虫，寄生于小肠，偶尔可寄生于真胃和胰脏，虫体长 5～6 毫米，呈淡红色或褐色。古柏线虫寄生于小肠、胰脏，偶见于皱胃，虫体呈红色或淡黄色，大小与毛圆线虫相似，前端角皮膨大，并具许多横纹。仰口线虫寄生于小肠，虫体较粗大，前端弯向背面，故有钩虫之称。食道口线虫寄生于大肠，虫体较大，呈乳白色，头端尖细，因其幼虫在发育时钻入肠壁形成结节，故又称结节虫。夏伯特线虫亦称阔口线虫，寄生于大肠，虫体大小近似食道口线虫。毛首线虫寄生于盲肠，整个虫体形似鞭子，亦称鞭虫，虫体较大，呈乳白色，前部细长，后部粗大。

2. 诊断要点

(1)流行特点　羊因吞食了被虫卵所污染的饲草、饲料和饮水而感染。本病在全国各地均有不同程度的发生和流行,西北、东北和内蒙古的广大牧区流行更为普遍,是每年春乏季节造成羊只死亡的重要原因之一。

(2)临床症状　主要症状为腹泻,消瘦,眼结膜苍白、贫血。严重者下颌水肿,最终可因身体极度衰竭而死亡。

(3)病理变化　剖检可见消化道各部有大量线虫和相应的病理变化。

(4)实验室诊断　对临床可疑的羊进行粪便虫卵检查,常用饱和盐水漂浮法,亦可用直接涂片法镜检虫卵。死后剖检诊断,可通过对虫体的鉴别,进一步确定病原种类。

3. 防治　在流行区内,每年春季和秋末进行 2～3 次预防性驱虫,常用药物有伊维菌素、左旋咪唑、丙硫苯咪唑等。粪便堆置发酵。加强饲养管理,保持饲料、饮水清洁卫生;实施轮牧,夏季避免羊吃露水草,不在潮湿低洼地带和早、晚、雨后放牧。

(十一)肺线虫病

肺线虫病是由网尾科的丝状网尾线虫和原圆科的多种线虫寄生于羊的支气管、细支气管或肺实质而引起的寄生虫病。

1. 病原　丝状网尾线虫为大型肺线虫,虫体呈白色。原圆科线虫为小型肺线虫,种类多,其中缪勒属和原圆属线虫分布最广,虫体纤细。

2. 诊断要点

(1)流行特点　本病经消化道感染。原圆科线虫在发育过程中需要陆地螺或蛞蝓作为中间宿主。在我国分布广泛,常呈地方流行性。

(2)临床症状　感染虫体数量多时,病羊出现咳嗽,特别在早、晚驱赶时尤为明显。严重病例，呼吸急促，剧烈咳嗽，有时咳出成团的虫体或幼虫。鼻孔周围沾满黏液，干后形成痂块堵塞鼻孔，使呼吸更加困难，常因继发感染引起肺炎而死亡。

(3)病理变化　肺膨胀不全或气肿，表面可见灰白色的块状隆起。切开支气管和肺脏边缘病灶可见成虫和幼虫。

(4)实验室诊断　取粪便检出第一期幼虫即可确诊。

3. 防治　流行区内，每年在2月份、11月份对羊群进行2次以上驱虫；及时对病羊进行治疗，可选用伊维菌素、丙硫苯咪唑、左旋咪唑等。粪便堆肥发酵。羔羊与成年羊分群放牧，有条件的地区实行轮牧，不在雾天、清晨和傍晚放牧，避免在低湿沼泽地区放牧，减少与陆地螺接触机会；饮用流动水或井水。加强饲养管理，冬季适当补饲。

（十二）梨形虫病

梨形虫病是由泰勒科和巴贝斯科的梨形虫引起的血液原虫病。

1. 病原　在国内，引起羊梨形虫病的主要病原是泰勒虫科泰勒属的山羊泰勒虫、巴贝斯科巴贝斯属分莫氏巴贝斯虫。泰勒虫在红细胞内大多为圆形、卵圆形，约占80%，其次为杆状，边虫形很少。红细胞内的虫体数为1～4个。在淋巴涂片中可见到淋巴细胞内或游离其外多核虫体，又称石榴体，其直径约8微米，有的达10～20微米，其内含有1～80个直径1～2微米的紫红色染色质颗粒。巴贝斯虫在红细胞内，虫体有双梨籽形、单梨籽形、椭圆形和变形虫等各种形状。其中双梨籽形占60%以上，其他形状虫体较少。梨籽形虫体长度大于红细胞半径，虫体有两个染色质团块。双梨籽虫体尖端以锐角相连，位于红细胞中央。

2. 诊断要点　根据发病季节为蜱活动季节、临床症状和剖检变化可做出初步诊断，确诊需进行虫体检查。

(1)流行特点　本病由蜱吸血传播,多发于每年4～10月份蜱活动猖狂的季节。羊泰勒虫病在甘肃、青海和四川等地均有发生,巴贝斯虫病在四川甘孜等地发现。

(2)临床症状

①泰勒虫病:羊体温升高至40℃～42℃、稽留4～7天,呼吸急促,粪中混有血样黏液,高度贫血、黄疸,出现血红蛋白尿,肩前淋巴结肿大,头伸向前方,呆立,肢体僵硬,步态不稳。有的病羊可自愈,有的趋于恶化,因衰竭而死亡,

②巴贝斯虫病:病羊体温升高至41℃～42℃,呼吸浅表,脉搏加速,食欲减退乃至废绝,高度黄疸、贫血,血液稀薄,手捻如水,出现血红蛋白尿。后期出现神经症状倒地而亡。

(3)病理变化　泰勒虫感染的病例尸体消瘦、贫血,全身淋巴结肿胀,有暗红色和灰白色结节,肝、脾肿大,皱胃黏膜肿胀、有溃疡病灶。剖检巴贝斯虫感染病例,可见组织黄染,血液稀薄、血凝不全,膀胱充满红色尿液。

(4)实验室诊断　取血液涂片,姬姆萨染色后镜检,在红细胞内发现虫体即可确诊。或用肝、脾、肺、肾、心等脏器压片或抹片染色,镜检发现虫体即可确诊。也可用免疫学方法进行诊断。

3. 防治　灭蜱是关键,定期离圈放牧,消灭圈舍和羊体上的蜱,防止羊被蜱叮咬。治疗可选用三氮脒(贝尼尔),深部肌内注射,3～5毫克/千克体重。对引进的羊,经隔离检疫后再合群。

(十三)球虫病

球虫病是由艾美耳属球虫寄生于羊肠道内引起的以腹泻、消瘦、便血和发育不良为特征的寄生虫病。

1. 病原　绵羊球虫有14种,危害严重的是阿撒他艾美耳球虫。山羊球虫有15种,雅氏艾美耳球虫对山羊的致病力强。不同种球虫的卵囊大小悬殊。从新鲜粪便中收集的卵囊大多为椭圆形

或卵圆形，黄褐色，卵囊表面光滑。

2. 诊断要点

(1)流行特点　绵羊、山羊均易感。羔羊极易感染，成年羊一般带虫。多发于春季、夏季、秋季，温暖潮湿的地区和季节易流行。

(2)临床症状　成年羊多为无症状带虫。羔羊感染后轻者精神不振，排牛粪状软便。重者食欲减退或废绝，被毛粗乱，贫血，消瘦，急剧下痢，排出黏液血便，恶臭。死亡率为10%～25%。急性经过为2～7天，慢性的可拖延数周。

(3)病理变化　尸体消瘦，后肢和尾部沾染稀粪。小肠黏膜有粟粒大至豌豆大的淡白色或黄色圆形或卵圆形结节。

(4)实验室诊断　6～12周龄羊的腹泻应考虑胃肠道寄生虫病。对急性型，可采取带血粪便镜检，如发现有大量卵囊，即可确诊。

3. 防治　加强饲养管理，成年羊与羔羊分群饲养；定期消毒圈舍，洗涤母羊乳房和挤奶用具。每天清除粪便，并进行堆肥发酵。不在湿洼地带放牧和小死水池中饮水。对病羊及时隔离和治疗，可用氨丙啉，内服，25毫克/千克体重，连用14～19天，也可用磺胺类药物治疗。

(十四)螨　病

螨病是由疥螨科和痒螨科的螨类寄生于羊体表引起的慢性皮肤病。

1. 病原　疥螨寄生于皮肤表皮层内，虫体在隧道内不断发育和繁殖，成虫长0.2～0.5毫米，肉眼不易看见，呈圆形，浅黄色，体表有大量的小刺。痒螨呈长圆形，较大，长0.5～0.9毫米，肉眼可见。

2. 诊断要点

(1)流行特点　不同年龄的羊均可患病，羔羊尤为严重。本病的传播主要是病羊与健康羊的直接或间接接触，也可因虫卵污染工作人员的衣服、手以及诊疗器械、饲养用具、活动场所等间接接触而传播。螨病多发生在秋末、冬季和初春等寒冷季节。疥螨的宿主特异性不强，可造成人畜之间、家畜之间的相互感染。

(2)临床症状　主要症状是皮肤剧痒。疥螨病多见于山羊，因患部渗出较少，故有的地方称之为“干骚”。病位多发于皮肤薄、被毛短少处，如唇、口角、鼻孔四周、眼睛周围、耳和四肢等部。病羊有剧烈痒感，患部肿胀有水疱，皮屑很多，皮肤增厚严重，甚至龟裂。严重时，嘴全被疱痂所盖，难以张口，仔山羊常因此饿死。

痒螨病多发生于绵羊，因患部渗出物多，故有的地方称之为“水骚”。多发于被毛长而稠密之处，如背部、臀部和尾根部，严重时蔓延到体侧及全身，以后羊毛大块脱落甚至全身被毛脱光，患部皮肤湿润，形成浅黄色痂皮。病羊摩擦搔痒，烦躁不安，无法正常采食和休息，最后衰竭死亡。

(3)病理变化　疥螨病例的病变部皮肤先出现丘疹、水疱和脓疱，以后形成坚硬的灰白色样痂皮。痒螨的病变部皮肤先出现浅红色或浅黄色粟粒大或扁豆大的小结节以及充满液体的小水疱，继而出现鳞屑和脂肪样浅黄色的痂皮。

(4)实验室诊断　从健康与病患交界的皮肤处刮取病料，检出病原即可确诊。

3. 防治　本病重在预防。在流行区，全部羊必须定期进行药浴，在冬春季螨病高发季节，每半月 1 次，可选用双甲脒等药物。保持羊舍和羊体的清洁卫生，对圈舍进行消毒，消毒时间与投药、药浴时间同步。对新购入的羊只进行严格检疫。及时隔离病羊，必须采用药浴法对其进行治疗。伊维菌素也是治疗疥螨的特效药物，可通过注射、浇泼、饲料中添加等多种形式投药。人接触病羊后，必须彻底消毒，更换衣物。

(十五)羊鼻蝇蛆病

羊鼻蝇蛆病是由羊狂蝇的幼虫寄生于羊的鼻腔、额窦或鼻窦而引起的寄生虫病,又称羊鼻蝇蚴病。

1. 病原 羊狂蝇又称羊鼻蝇,属于节肢动物门、昆虫纲、狂蝇科、狂蝇属。成虫呈淡灰色,略带金属光泽,形如蜜蜂,体长10～12毫米,寻找羊只在其鼻孔中生产幼虫。

2. 诊断要点 主要通过症状观察。如在大羊群中普遍有症状时,可做尸体剖检,找寻幼虫,进行确诊。

(1)流行特点 本病主要危害绵羊,严重流行地区感染率高达80%以上。山羊较绵羊患病少且受害较轻。羊鼻蝇的成虫活动于5～9月份,以夏季最多。雌蝇在炎热晴朗无风的天气活跃飞翔。本病在西北地区危害严重,在内蒙古、华北和东北地区分布也广。

(2)临床症状 成虫侵袭羊群时,羊只惊恐不安,四处逃跑或彼此拥挤,或者一只羊把鼻子藏在另一羊的腿中间,或者静避树荫下,喷鼻,使羊只精神疲乏,消瘦,营养不良。当羊鼻蝇幼虫寄生于鼻黏膜时,病羊流出大量清鼻液,后期因细菌感染,鼻液变稠,有时混有血液,继而鼻孔周围结痂。病羊呼吸困难,打喷嚏,甩鼻子,鼻端在地上摩擦。少数幼虫深入颅腔,羊出现运动失调和痉挛等神经症状,严重者极度衰竭而死亡。

(3)病理变化 鼻黏膜发炎、出血,形成硬痂;窦黏膜坏死、水肿,鼻窦蓄脓;鼻软骨变形。幼虫进入大脑,造成脑膜损伤。

3. 防治 在夏秋季羊狂蝇活动盛期,可用防蝇剂喷洒羊体和圈舍,避免在中午放牧。夏季羊舍墙壁常有大批成虫,在初飞出时,翅膀软弱,不太活动,此时可发动群众捕捉,消灭成虫,连续进行3年,可以收到显著效果。也可用诱蝇板,引诱鼻蝇飞落板上休息,每天早晨检查诱蝇板,将鼻蝇取出消灭。冬、春季注意杀死从羊鼻内喷出的幼虫,同时在春季从羊圈的墙角挖蛹,将其杀灭。治疗可选用伊维菌素、氯硝柳胺等药物。

思考题

1. 简述炭疽杆菌的形态特征、炭疽病死羊尸体的外观特征。炭疽感染的病死羊尸体如何处理？

2. 简述羔羊大肠杆菌病的临床病型和主要病变。

3. 试述绵羊巴氏杆菌病的诊断和防制要点。

4. 如何进行羊坏死杆菌病的诊断？

5. 羊链球菌病有何临床表现？

6. 如何杀灭李氏杆菌？

7. 羊感染伪结核病后典型的临诊症状是什么？

8. 羊布鲁氏菌病的诊断和防制要点是什么？

9. 如何预防破伤风的发生？

10. 简述羊衣原体病的症状和病变特征。

11. 试述羊支原体性肺炎的诊断要点。

12. 口蹄疫病毒有哪些特点，如何预防口蹄疫？发生口蹄疫后应采取哪些扑灭措施？

13. 简述绵羊痘的病理演变过程，并提出科学合理的防制措施。

14. 简述羊传染性脓疱的流行特点和临床症状。

15. 简述山羊关节炎-脑炎的临床诊断要点和防控措施。

16. 试述蓝舌病病毒传播方式的特点和防制要点。

17. 梅迪病和维斯纳病不同的临床症状和病理变化有哪些？

18. 试述痒病的诊断及防制要点。

19. 如何防治羊绦虫病？

20. 如何诊断和防治羊绦虫蚴（棘球蚴、多头蚴）？

21. 简述羊重要吸虫病的病原体、中间宿主、终末宿主和寄生部位。

22. 试述羊重要吸虫病的诊断及防治措施。

23. 简述羊消化道线虫病的诊断及防治要点。

24. 试述羊肺线虫病的流行特征及防治措施。

25. 简述羊梨形虫病的病原、传播媒介、传播方式。

26. 如何诊断和防治羊的螨病?

27. 羊狂蝇幼虫有哪些危害? 怎样防治?

参考文献

[1] 国家质量监督检验检疫总局. GB/T 19526—2004 羊寄生虫病防治技术规范[S]. 北京:中国标准出版社,2004.

[2] 国家质量监督检验检疫总局. GB/T 16569—1996 畜禽产品消毒规范[S]. 北京:中国标准出版社,1996.

[3] 国家质量监督检验检疫总局. GB 16548—2006 病害动物和病害动物产品生物安全处理规程[S]. 北京:中国标准出版社,2006.

[4] 中华人民共和国动物防疫法. 北京:中国法律出版社,2007.

[5] 国务院. 中华人民共和国兽药管理条例. 北京:中国法律出版社,2004.

[6] 白文彬,于康震. 动物传染病诊断学[M]. 北京:中国农业出版社,2002.

[7] 陈溥言. 兽医传染病学[M]. 第五版. 北京:中国农业出版社,2006.

[8] 赵化民. 畜禽养殖场消毒指南[M]. 北京:金盾出版社,2004.

[9] 费恩阁,李德昌,丁壮. 动物疫病学[M]. 北京:中国农业出版社,2004.

[10] 何国声,夏军,曹杰,等. 羊寄生虫病的防制技术[J]. 中国草食动物, 2003,(专辑):162-166.

[11] 贺生中. 羊场兽医[M]. 北京:中国农业出版社,2003.

[12] 侯克胜. 动物防疫员手册[M]. 青岛:青岛出版社,

2006.

[13] 卢中华，张卫宪，袁逢新．实用养羊与羊病防治技术[M]．北京：中国农业科学技术出版社，2004.

[14] 牛捍卫，沈忠．实用羊病诊疗新技术[M]．北京：中国农业出版社，2006.

[15] 邱伯根，王兰平．动物防疫监督员检疫员培训教程[M]．北京：中国农业科学技术出版社，2006.

[16] 沈正达．羊病防治手册（第二次修订版）[M]．北京：金盾出版社，2005.

[17] 陶克艳，肖后军．规模化山羊场主要疫病免疫程序及驱虫计划[J]．中国草食动物，2001，（专辑）：240-241.

[18] 张彦明．动物防疫与检疫技术[M]．北京：高等教育出版社，2005.

[19] 薛慧文，刘宁，李拥军，等．肉羊无公害高效养殖[M]．北京：金盾出版社，2003.

[20] 张桂庭．2005 年动物防疫检疫检验技术操作规范与疫病的鉴定和处理及强制性标准条文实用手册[M]．北京：中国科技文化出版社，2006.

[21] 汪明．兽医寄生虫学[M]．北京：中国农业出版社，2003.

[22] 国家质量监督检验检疫总局．GB/T 18635—2002 动物防疫　基本术语[S]．北京：中国标准出版社，2002.

[23] 岳文斌，孙效彪．羊场疾病控制与净化[M]．北京：中国农业出版社，2001.